水质与疾病

陈维杰　杨　二　编著

黄河水利出版社
·郑州·

内 容 提 要

据世界卫生组织(WHO)研究,地球上80%的疾病病因与饮用不良水质的水有关。本书运用通俗的方法,分19章内容就水质与日常生活中常见的生物地球化学性疾病、水质中毒症、介水传染病、糖尿病、肾病、胃病、高血压、心脏病、脑病、癌症、胚胎发育缺陷、人体免疫力低下、感冒、水平衡失调、机体异常等50余种疾病的病理关系以及相应的防治知识进行了针对性、科普性的介绍。本书宜作为普通读者使用,亦可供有关专业人士参阅。

图书在版编目(CIP)数据

水质与疾病/陈维杰,杨二编著.—郑州:黄河水利出版社,2010.12

ISBN 978-7-80734-955-6

Ⅰ.①水… Ⅱ.①陈… ②杨… Ⅲ.①饮用水-水质-关系-常见病-基本知识 Ⅳ.①R123②R4

中国版本图书馆CIP数据核字(2010)第247518号

出 版 社:黄河水利出版社

地址:河南省郑州市顺河路黄委会综合楼14层　邮政编码:450003

发行单位:黄河水利出版社

发行部电话:0371-66026940、66020550、66028024、66022620(传真)

E-mail:hhslcbs@126.com

承印单位:黄河水利委员会印刷厂

开本:850 mm×1 168 mm　1/32

印张:4.125

字数:109千字　　印数:1—2 000

版次:2010年12月第1版　　印次:2010年12月第1次印刷

定价:12.00元

目　录

第1章 概 述

水是生命之源。

人类在火星上寻找生命的痕迹,首先寻找的就是水,有水才有生命。

地球上的生命从咸水中诞生,在淡水中进化,在陆地上成长,不管其形态多么复杂,但水在任何生命中所起的作用从来就没有改变过。人之所以能够在陆地上成长,也是因为能够及时地从地球环境中得到水的补充。

地球上的天然水具有与地球几乎相同的年龄(约46亿年),总量约为13.86亿立方千米,覆盖面积接近地球表面积的3/4,当然其中的海洋水就占去97.5%,淡水仅占2.5%。在淡水中,限于目前技术经济条件而可供人类开采利用的仅21.3万立方千米,水资源是十分短缺和宝贵的。

英国生化学家汉密尔顿通过对220个人的血液成分进行分析发现,除原生质中主要成分碳、氢、氧、氮和岩石中的主要组分相同外,人体内60多种元素的相对含量与地壳中元素的相对组成十分相似(见表1-1),这说明了人体为了维持正常的生理需要,就必须从生活环境中摄取并排泄适量的微量元素。水作为最重要的环境因子之一,一旦受到污染和破坏,就会造成水体内某些元素的增多或减少,进而导致人体内相应元素随之异常的变化,最终危及人体健康。人体内部分元素功能、分布累积部位及影响如表1-2所示。

表 1-1　人体与地壳的元素组成

常量元素	人体(%)	地壳(%)	微量元素	人体(毫克/千克)	地壳(毫克/千克)
氧 O	65.00	48.60	铁 Fe	40	50 000
碳 C	18.00	0.35	氟 F	37	700
氢 H	10.00	0.76	锌 Zn	33	65
氮 N	3.00	0.04	铜 Cu	1.0	45
钙 Ca	2.00	3.45	钒 V	0.3	110
磷 P	1.00	0.12	铬 Cr	0.2	200
钾 K	0.35	2.47	硒 Se	0.2	0.09
硫 S	0.25	0.10	锰 Mn	0.2	1 000
钠 Na	0.15	2.74	碘 I	0.2	0.3
氯 Cl	0.15	0.20	钼 Mo	0.1	1
镁 Mg	0.05	2.00	镍 Ni	0.1	75
硅 Si	0.04	26.30	钴 Co	0.05	23

水体遭受污染的原因有以下两个方面。

(1)自然因素。主要是水流经过的地方由于岩石风化、有机污染物自然降解等客观原因而导致一些有害物质进入了水体。一般天然水中都包含有三种物质,一种是悬浮物质,如泥沙、黏土、藻类、原生动物及其他不溶物质,这类物质易造成水体混浊;第二种是胶体物质,如有机物胶体(主要是腐殖质)和无机物胶体(主要是铁、铝和硅的胶体),这类物质易造成水体变色;第三种是溶解物质,主要是八大离子,即钙、镁、钾、钠四种阳离子和碳酸根、碳酸氢根、硫酸根、氯离子四种阴离子,以及少量的铁、锰等阳离子和硝酸根、亚硝酸根、氟离子等阴离子。

表 1-2　人体内部分元素功能、分布累积部位及影响

元素		功能	分布累积部位	影响	
				不足	过剩
部分常量元素(电解质元素)	钾 K	钾盐占体内无机盐的5%,参与细胞的新陈代谢,为某些酶的正常活动提供适宜条件,其突出作用是维持心肌细胞的兴奋性、自律性、传导性以及肌肉的收缩,并与钠离子共同维持体液酸碱平衡。适量钾能预防中风	分布于细胞内液	低钾血症:病史有钾摄入不足、排出过多、应用排钾利尿剂或盐皮质激素等原因。轻者乏力、恶心、呕吐及腹胀;重者神态淡漠、肌肉极度无力、麻痹性肠梗阻、腱反应减弱、呼吸表浅、脉搏无力、心音低钝、血压下降及心律失常,甚至出现阵发性室性心动过速、心室扑动或心室颤动、抽搐和昏迷	高钾血症:病史中有进钾过多或排钾障碍的原因,最常见于急性肾功能衰竭及闭尿。轻者皮肤苍白、感觉湿冷和肌痛、浑身软弱无力、动作迟钝、脉缓、恶心及腹泻,重者可出现松弛性瘫痪、吞咽困难、呼吸肌麻痹和心跳骤停
	钠 Na	钠离子占体内细胞外液中阳离子总量的90%以上,是肌肉收缩、调节心血管功能和改善消化系统功能必不可缺的元素,对维持细胞系统和调节水盐平衡起重要作用	分布于细胞外液	低钠血症:病史中有从肾脏或肾外流失钠过多等原因。老年患者较多,主要症状为软弱无力、恶心呕吐、头痛嗜睡、肌肉痛性痉挛、神经精神症状和可逆性共济失调等	高钠血症:病史中有摄钠过多、排钠障碍(尤其是肾功能损害导致钠盐排出障碍)或醛固酮增多症导致水钠潴留。日常生活中多见于失水而引起。主要症状为早期口渴、尿量减少、软弱无力、恶心呕吐和体温升高,严重的至晚期会出现脑细胞失水而产生烦躁、易怒或精神淡漠、嗜睡、抽搐或癫痫样发作、昏迷直至死亡

续表 1-2

元素		功能	分布累积部位	影响	
				不足	过剩
部分常量元素(电解质元素)	钙 Ca	形成和维持健康的骨骼与牙齿(占99%),参与调节许多重要生理功能(如骨骼肌和心肌的收缩,平滑肌及非肌肉细胞活动和神经兴奋的维持等)以及血液凝固过程的级联反应等	骨骼、牙齿	低钙血症多见于甲状腺损伤或特发性萎缩的患者,临床症状主要是手足搐搦、惊厥、哮鸣、谵妄等,人体缺钙还易患佝偻病、骨质疏松症、心血管病等疾病	高钙血症主见于甲状腺机能亢进,其次为肿瘤及服用过量维生素 D。症状有体重减轻、全身肌肉软弱无力、头痛、失眠、食欲减退、恶心、烦渴、多饮、多尿等
	镁 Mg	人体内到处都有以镁为催化剂的代谢系统,镁能激活许多酶并参与蛋白质的合成、脂肪代谢、肌肉收缩及体温调节,有利于强化心脏肌肉的收缩力,避免出现血管栓塞;可帮助血液循环和神经传导;有利于减少肝、胆、肾结石的形成;可帮助人体吸收利用钙质,强化免疫系统,维持身心平衡	骨骼、牙齿、软组织	低镁血症:病史中有镁摄入不足、吸收不良或丢失过多以及长期大量酗酒等原因。轻者恶心、呕吐、乏力、肠绞痛、肌肉强直、反射亢进,重者可出现急性喉痉挛或抽搐、严重心律失常或心室颤动	高镁血症:主要由肌体内镁摄入过多或排出减少所致。可表现为乏力、嗜睡、心动过缓、腱反应减弱或消失,严重的还会引起呼吸麻痹、昏迷和休克

续表 1-2

元素		功能	分布累积部位	影响	
				不足	过剩
部分常量元素（电解质元素）	氯 Cl	氯离子占细胞外液中阴离子总量的70%左右，主要能促使胃酸的形成，并与钠离子一起共同维持细胞外液渗透压的平衡	细胞外液	低氯血症：病史有连续呕吐、胃液吸引或严重腹泻、长期利尿或出汗过多而摄入不足。可表现为肌肉应激性增高、手足搐搦或肌强直、呼吸慢而浅、严重者血压下降	高氯血症：急、慢性肾功能衰竭尿少者氯排出障碍，代谢性酸中毒时 HCO_3^- 降低并伴有 Cl^- 升高，以及脱水等基础病因都可导致高氯血症。患者可表现为无力、昏睡、呼吸深，严重时会出现意识不清、昏迷的现象。氯还是造成动脉硬化及与之相关的诸如心力衰竭和大部分常见猝发疾病的基本原因
	磷 P	磷是所有细胞中的核糖核酸、脱氧核糖核酸的构成元素之一，对生物体的遗传代谢、生长发育、能量供应起直接作用。人体内含量约为10克/千克体重，其中85%分布在骨骼和牙齿，其余在脑组织中约占4.4克/千克、肌肉组织中约占1克/千克、各种软组织中约占2克/千克	骨骼等	低磷血症：病史中有磷摄入不足、吸收不良或排出过量的原因，常见于慢性酒精中毒、维生素D缺乏、甲状旁腺功能亢进、严重热烧伤、营养过剩等。轻度低磷血症无明显症状，当血清磷 <0.32 毫摩/升且持续3～4日时才会陆续出现肌肉无力、痉挛、疼痛，严重的还可发生急性肌肉坏死、骨痛、骨软化、感觉迟钝、精神异常、抵抗力差并容易导致感染、心肌损害而引起心力衰竭	

续表 1-2

元素		功能	分布累积部位	影响	
				不足	过剩
必需微量元素	铁 Fe	组成血红蛋白、细胞色素、铁硫蛋白等，并能帮助氧气的输送	成人体内含 35 ~ 50 毫克，主要分布于血液、肝、脾、骨骼	缺铁导致血红蛋白减少，发生缺铁性贫血，出现食欲下降、烦躁、乏力、头晕等症状；还会引起慢性萎缩性胃炎而造成胃酸过低或缺乏，最终诱发胃癌	呕吐、肾结石、胃肠道出血、肝硬化、血色病、铁尘肺、大骨节病、心脏衰竭或死亡
	碘 I	碘是甲状腺素的重要成分。甲状腺素是人体的重要激素，主要作用是促进体内能量代谢和未成年者的生长发育	成人体内含量 25 ~ 36 毫克，其中约 15 毫克集中于甲状腺内，其余分布于毛发等部位	缺碘可导致甲状腺功能减退，造成甲状腺肿大；头发变脆，体态肥胖、胆固醇增高。幼儿缺碘会影响生长发育，造成思维迟钝、聋哑、面容呆笨	甲状腺机能亢进，常出现心率加速、气短、急躁不安、失眠、震颤、怕热多汗、食欲亢进等。因多伴有眼球凸出，故亦称为凸眼性甲状腺肿。碘过量还会造成脱发、指甲变脆、不育、浮肿、易疲劳等问题

续表 1-2

元素		功能	分布累积部位	影响	
				不足	过剩
必需微量元素	铜 Cu	铜是人体内氧化代谢所需要的一些金属酶与金属蛋白的组成部分，直接参与机体代谢、造血和骨骼的合成并影响对铁的吸收与利用，还可阻止“NDM－1”超级细菌的传播	正常人体内含100～120毫克，其中肝、脑、心、肾中浓度最高，肺、肠、脾次之	可引起贫血、骨骼疏松易碎、发育停止，血管中蛋白含量降低而易破，脑组织萎缩，毛发脱色且出现钢丝样卷发，还常有营养不良症状及妇女出现早产现象	厌食、黄疸、抑郁、迟钝（肝豆状核变性病），以及畸胎、心血管病、威尔逊氏病症等，高铜还容易诱发铁、锌缺乏症
	锰 Mn	锰参与葡萄糖、脂肪代谢，是水解酵素、催化酶、转移酶、琥珀酶、脱氢酶等多种酶的辅助物质，参与造血过程，并在胚胎早期发挥作用，具有促进生长发育、强壮骨骼、防止心血管病的功能，还可促进维生素 B1 集蓄、提高蛋白质代谢率，被称为“益寿元素”	总含量约20毫克，主要分布在肌肉、肝脏、胰脏及骨骼	疲劳乏力、腰酸背痛、牙齿早脱、骨骼畸形且易断裂、衰老加速，幼儿则发育迟滞、影响智力，缺锰还会导致贫血、动脉硬化及癌肿病变	共济失调、食欲减退、便秘、流口水、肌肉强力减退，晚期重症患者还会出现面具样面容，肌肉僵直、肢体震颤、走路时身体前倾，有时伴有发烧和呼吸困难

续表 1-2

元素		功能	分布累积部位	影响	
				不足	过剩
必需微量元素	钼 Mo	钼是构成黄嘌呤氧化酶、醛氧化酶、亚硫酸氧化酶等氧化酶的组分，可解除有害醛类的毒性，参与体内电子的传递和铁的运输，具有抗癌作用	总含量9毫克，分布于全身组织和体液中	生长迟缓，造成尿素代谢障碍。缺钼地区的食管癌、胃癌、宫颈癌发病率较高	生长受阻且易发心血管病。高钼地区的痛风发病率较高
	锌 Zn	锌是 DNA 聚合酶、RNA 聚合酶等许多酶以及胰岛素的组成成分，具有促进机体生长发育、核酸与蛋白质的生物合成、增强免疫功能以及“三抗”（即抗氧化、抗衰老、抗癌变）作用	前列腺、胰腺、视网膜	侏儒症，食欲不振，生长迟缓，嗅觉失灵，生殖腺发育不全，妊娠畸胎，肠原性肢端皮炎，创伤溃疡难愈合，免疫功能减退	贫血症、呕吐、腹泻、食管癌、老年痴呆症。还会影响机体对其他微量元素的吸收和利用

续表 1-2

元素		功能	分布累积部位	影响	
				不足	过剩
必需微量元素	钴 Co	维生素 B12 的组分,参与核酸、胆胺酸的合成及脂肪、糖的代谢,对血红蛋白的形成起决定性作用,还能促进锌的吸收、提高锌的活性	人体约含 1.1 毫克,主要分布于肝、肾、骨骼	可引起恶性贫血症,还可影响甲状腺代谢	心力衰竭,红细胞增多、甲状腺肿大,食欲减退、耳聋
	铬 Cr	促进葡萄糖的利用和胆固醇的代谢,以及血红蛋白的合成和造血过程,协助胰岛素发挥作用	人体约含 6 毫克,主要分布于皮肤、肝脏等部位	导致葡萄糖耐受性低下(糖尿症)、生长发育出现障碍、寿命缩短	引起肺癌或诱发器官坏死、动脉硬化和心脏病
	氟 F	人体骨骼生长所必需的元素	成人每天适宜摄入量为1.5毫克、最高耐受量为3毫克,主要分布于牙齿、骨骼、指甲、毛发	生长发育迟缓和龋齿症	氟斑牙、骨骼硬化

续表 1-2

元素		功能	分布累积部位	影响	
				不足	过剩
必需微量元素	硒 Se	硒是体内谷脱甘肽过氧化酶的主要成分，能刺激免疫球蛋白及抗体的产生，可调节体内氧化还原反应速度和维生素 A、C、E 的吸收与消耗，并影响肝功能的代谢及免疫力，还有防癌、抗癌作用	总含量 14～21 毫克，主要分布于肝脏、胰腺、肾脏	可引起生育障碍、糖尿病、肝脏坏死、肌肉失养、表皮角质化，以及白内障、心脑血管病、癌症、克山病、大骨节病	呼气有大蒜味，指甲变形，脱发，四肢僵硬、跛行、肝硬化、贫血、失明
	镍 Ni	镍是血纤维蛋白溶酶的组分和一些酶的激活剂，能够起到稳定 DNA、RNA 的作用，微量的镍还能使胰岛素增加、血糖降低，对治疗糖尿病、老年痴呆症、贫血、冠心病、头痛失眠症具有一定帮助	肾脏、肝脏、皮肤等	影响生育能力，磷脂、糖代谢异常，可引起糖尿病、贫血、肝硬化、尿毒症、肾衰和磷脂代谢异常等	皮炎，湿疹，过量吸收还会引起肺癌、白血病等
	钒 V	传递氧，抑制胆固醇合成，减轻诱发动脉硬化的程度	脂肪等部位	血清胆固醇降低、罹患糖尿病概率增高	食欲减退，生长减缓、眩晕、诱发肺病，还可损伤皮肤、心脏和肾脏

续表 1-2

元素		功能	分布累积部位	影响	
				不足	过剩
必需微量元素	硅 Si	能把体内蛋白质交联在一起，在骨骼、软骨形成初期发挥作用，还可对软化血管、缓解动脉硬化以及预防甲状腺肿、关节炎、神经功能紊乱、消化系统疾病产生帮助。含硅量高的地区冠心病死亡率较低	主要分布于肺、皮肤、血管、关节等部位	可造成骨骼发育不良，严重的可致全部器官萎缩、加速老化进程，还可诱发动脉硬化和关节炎	肾结石，肺病
	锡 Sn	促进身体发育，防癌、防突变	主要分布于骨骼、牙齿	导致蛋白质和核酸代谢异常，阻碍生长发育，尤其儿童易患侏儒症	头晕、腹泻、恶心、胸闷、呼吸急促、口干并造成钙含量降低，严重的可诱发贫血、肠胃炎，工业锡中毒还会导致神经系统、肝功能及皮肤黏膜等受到损伤

续表 1-2

元素		功能	分布累积部位	影响	
				不足	过剩
部分有毒元素	砷 As	影响酶的作用和细胞呼吸	毛发、指甲、血液		灰指甲、毛发脱落、皮肤角化、贫血、腹痛、乌脚病、肝癌、皮肤癌
	镉 Cd	干扰免疫球蛋白,降低机体免疫力	骨骼、肾脏、肝脏		呕吐、腹泻、骨痛病、生殖器官病变、前列腺癌、呼吸道癌
	汞 Hg	可破坏蛋白质	肾、肝、脾、甲状腺		牙龈炎、神经炎、脑性小儿麻痹、肝肾肠功能损伤
	铅 Pb	主要破坏神经系统	骨骼、肌肉、肝脏、肾脏等		脑损伤、贫血、失明、昏迷、血压升高、动脉硬化,还可通过母体胎盘而影响胎儿发育及幼儿智商

（2）人为因素。主要包括工业废水、居民生活污水及农业面源水污染等。据统计资料显示，全世界每年总排放的污水量达4 260亿立方米，共造成河流稳定流量的40%左右和55 000 亿立方米水体被污染（另一统计资料为全世界每年排入水体的污水量达7 000 亿立方米，被污染水量达85 000 亿立方米）。我国2002年排放的污水总量约为620 亿立方米（20 世纪80 年代年均为310亿立方米、90 年代年均为435 亿立方米），造成近40% 的河段水质达不到Ⅲ类地面水环境质量标准、90% 的城市水域环境污染严重、50% 以上的重点城镇水源地不符合饮用水质量标准。

水污染的重要恶果就是造成水致疾病。据世界卫生组织（WHO）研究，地球上80% 的疾病是由于不良的饮用水引起的：第一类是介水传染病，即通过饮用或接触受病原体污染的水而传播的疾病，如伤寒、霍乱、痢疾、肝炎、脊髓灰质炎、血吸虫病等；第二类是介水化学性疾病，即由于水中化学物质所造成的疾病，如水中高氟所致的氟斑牙、氟骨症，水中缺碘（ <10 微克/升）造成的甲状腺肿大，饮用水被汞、镉、砷、铅、农药等污染所造成的中毒等；第三类是水量不足或水质不良而诱发的疾病，如各种皮肤病、眼结膜炎、沙眼、中耳炎、虱传染（斑疹伤寒、回归热等）；第四类是其他各种形式与饮用水有关的慢性疾病，如肠胃炎、糖尿病、心脏病以及部分癌症等。本书主要介绍常见的50 余种水致疾病病因及防治知识。

第 2 章　生物地球化学性疾病

生物地球化学即生物圈的地球化学。目前已知自然界有化学元素 92 种，其中有 81 种在人体内也能找到，研究发现人体内化学元素的种类和含量与地壳表层的元素组成密切相关，并且一个地区的水、土壤、空气中某些或某种化学元素的过多或过少可影响到当地人群对化学元素的摄入量，而由此造成人体内某些或某种化学元素的过多或过少均可引起某种疾病，这类性质的疾病即称生物地球化学性疾病或简称“地方性疾病”。该类疾病的特点是具有明显的地域性、水质性、普遍性和无传染性。我国常见的生物地球化学性疾病是地方性氟中毒、地方性甲状腺肿、地方性砷中毒、克山病和大骨节病五种。

2.1　地方性氟中毒

地方性氟中毒也称地方性氟病或简称地氟病，是由于一个地方的环境中氟元素过多而导致居民经饮水、饮食、空气等途径长期摄入过量的氟元素，进而引起以氟骨病和氟斑牙为主要特征的一种全身性疾病。

氟是人体不可或缺的营养元素之一，它占体重的 0.000 35% 左右。氟进入人体后，一部分(约 50%)被口腔液体保留下来并通过表面吸收而结合到牙齿中(局部效果)，余下的(约 50%)则流经胃肠并穿过胃肠壁而进入血液，然后迅速扩散到身体的各个部位。氟是个“骨搜寻器”，适宜在骨骼中积累，一般人体里 96% 的氟是沉淀在骨骼里的。当然，人体对氟的需求是有严格定量的，摄入过多或过少都会影响人体的健康。正常人每天需从饮食中摄取2.5~5.0毫克氟，其中60%~70%来自于饮水。适量的氟能使骨牙坚实，减少龋齿发病率，同时对神经系统的兴奋性传导、钙磷代谢、甲状旁腺功能、细胞酶系统以及生殖过程都有裨益。人体对饮水中氟的吸收率一般为75%~90%，对其他食品中的氟只能吸收20%左右。所以，饮水中的氟含量对人体健康影响最大，它是地方性氟病的主要诱因。

国内若干地区调查资料表明：水中氟含量在0.5毫克/升以下的地区，龋齿率为50%~60%；水中含氟0.5~1.2毫克/升的地区，患氟病的人很少（通常认为为适宜浓度。调查资料也显示寒冷地区的适宜浓度为1~1.2毫克/升、温热带地区则应低于1毫克/升）；氟含量为1.2~1.5毫克/升时，多数地区氟斑牙患病率达45%以上；氟含量>1.5毫克/升时，中度与重度氟斑牙患者明显增多；氟含量>4.5毫克/升时，会引发“氟骨症”并使神经和肌肉组织受损；氟含量>6毫克/升时，会导致酶系统活力降低，骨的形成受阻；氟含量>20毫克/升时则可导致骨骼变形、肢体残废。各种程度的氟中毒病症是全球分布最广的地方病之一，世界上五大洲的50多个国家均有此病存在。我国除上海市及港、澳特别行政区以外的省、自治区、直辖市都存在地氟病，病区总人口约3.3亿，其中氟斑牙人口有4 000多万、氟骨症患者有260余万，严重影响了当地群众的生活与生产，研究、防治地氟病是非常重要的课题之一。

一般认为氟中毒的发病机理有以下三种情况。

(1)对骨骼的损坏。氟进入人体后可取代骨骼中的羟基磷灰石生成氟磷灰石，即$3Ca_3(PO_4)_2 \cdot Ca(OH)_2 + 2F^- \rightarrow 3Ca_3(PO_4)_2 \cdot CaF_2 + 2OH^-$，最终可形成难溶的氟化钙而大量沉积，造成骨质硬化、密度增加、骨皮质增厚、髓腔变小，或使骨质脱钙而疏松，故而导致临床上常见的硬化型、疏松型和混合型三种情况。另外，氟磷灰石的形成破坏了正常的骨质晶体结构,促使成骨细胞和破骨细胞活动生成新骨,造成骨内膜增生而形成骨疣。同时,氟还可抑制骨磷酸化酶而影响骨组织对钙盐的吸收利用。

(2)对牙齿的损坏。过量的氟进入人体后可产生大量的氟化钙沉积于正在发育的牙组织中,使牙釉质不能形成正常的棱晶体结构而产生不规则的球形结构,从而使局部呈粗糙、白垩状斑点和条纹状斑块,接着使牙釉质松脆而出现继发性缺损。牙齿萌出后,牙釉质发生色素沉着,并可逐渐加深呈棕色或棕黑色。

(3)对神经系统、肌肉、肾脏、血管和内分泌腺的影响。氟可损伤神经受体、神经纤维脱髓鞘,影响神经信号的传导,抑制乙酰胆碱酶活性,出现神经传导障碍;氟可使骨骼肌丝萎缩,肌原纤维和肌丝变性,及使纤维细胞线粒体损伤、神经终板受损变形等;高浓度的氟从肾脏排出时会损伤肾小管、影响肾功能。氟对血管的损害是使血管壁钙化、硬化,影响对脏器的供血。此外,氟还可对生殖系统造成损害,破坏睾丸细胞的结构,影响它的内分泌功能,导致生殖功能下降。

常见地氟病的临床表现是氟斑牙和氟骨症。

氟斑牙又叫斑釉牙,是地方性氟病的最早体征,一般出生在高氟地区的人均有此病表现(多见于恒牙),其症状如下:

(1)牙釉面光泽度改变,常出现白垩线条、斑点、斑块等,一旦形成,永不消退;

(2)牙釉面着色,呈浅黄、黄褐、棕褐或黑色,范围可以是线条、斑点、斑块或整个牙釉面;

(3)釉面缺损,可出现凹痕或针尖样脱落,甚至大块的剥脱。

氟骨症的症状及体征如下:

(1)症状。腰背及四肢大关节疼痛。一般从腰背开始,逐渐发展到四肢大关节和足跟,疼痛多呈酸痛且具有持续性,晨起加剧,活动后减轻,但不伴有体温升高和关节肿胀,也不受气候改变的影响。重者终日卧床，不敢活动。同时，还常伴随有一系列的神经系统症状，如肢体蚁走感、紧束感、知觉减退及四肢发麻等异常感觉。随着病情的发展，还会出现关节功能障碍及肢体变形，如脊柱生理性弯曲及活动受限等。有些患者还有头痛、心悸、乏力、恶心、食欲不振、腹胀腹泻等症状。

(2)体征。氟骨症按疾病的严重程度分为轻、中、重三型：轻度者为持续性腰痛和关节疼痛，无其他阳性体征，可从事正常体力活动；中度者为前述症状加重，同时伴有躯干和四肢大关节运动功能受限，劳动能力受到一定程度影响；重度为出现一个或多个大关节屈曲、强直、肌肉痉挛或出现废用型肌萎缩，脊柱、骨盆关节骨性粘连，一般患者有严重的弯腰驼背，基本丧失劳动能力。此外，地氟病还会出现神经损伤，可表现为神经根损害症状、脊髓损害症状、感觉障碍及括约肌功能障碍，也会继发骨骼肌改变，造成肾功能不全、甲状旁腺功能亢进等。

我国现行生活饮用水卫生标准规定水体中氟化物浓度限值为1.0毫克/升(农村饮水放宽为1.2毫克/升)。

我国高氟地下水依其区域地质环境特点分为以下6种类型。

(1)浅层高氟地下水型。这是我国地方性氟中毒病区范围最大的一种类型，主要分布在淮河—秦岭—昆仑山一线以北的广大干旱半干旱地区。该类地区的特点是，饮水水源中的氟由富氟岩层(火山喷发岩、花岗岩等)作补给源，区内低洼地带排水不畅，从而造成土壤盐碱化和地下水氟离子的富集，加之气候干燥、蒸发量大，又引起浅层地下水氟离子的进一步浓缩，于是就导致了地下水含氟量的增高。如黑龙江三肇、吉林白城、辽宁辽阳、内蒙古赤峰、山西大同、陕西榆林、宁夏盐池、甘肃渭源、青海乐都等，其许多村庄的浅层饮用水含氟量都在3~5毫克/升，个别甚至更高。

(2)深层高氟地下水型。此类病区主要在渤海湾滨海平原，如天津的汉沽和塘沽、河北的沧州和黄骅、山东的德州和惠民等地，此外新疆的准噶尔盆地南部地区也有分布，这类地区的地质条件大都是海陆交替相地层，深层地下水含氟量普遍较高，一般可达7 毫克/升，个别甚至超过20 毫克/升。

(3)高氟温泉型。此类病区主要受地质构造运动的控制，多分布于大陆板块边缘地带和断裂带，如广东的丰顺、福建的南靖、山东的栖霞、河南的鲁山等地，其中河南省鲁山县下汤温泉的含氟量高达24.8 毫克/升。

(4)高氟岩矿型。这类病区主要分布在萤石矿、磷灰石矿等富氟岩矿的出露区，致使水源受污染而含氟量较高，如辽宁义县、浙江义乌、江西宁都，河南省从西北到东南依次贯穿洛宁、嵩县、栾川、汝阳、南召、鲁山、方城、泌阳、桐柏、信阳、光山、罗山、新县13个县(市)，500余千米的萤石矿脉沿线分布了比较密集的星点状或小片状高氟水村庄。

(5)生活燃煤污染型。这类病区的特点是地处煤矿矿区，一般饮用水含氟量不一定很高，但由于燃用高氟煤而造成食物及室内空气含氟量较高，如湖北恩施、贵州毕节、陕西紫阳、云南镇雄、四川兴文等。

(6)高氟茶水型。在四川阿坝和甘孜一些半农半牧区由于饮用高氟茶而引起氟中毒。

2.2 地方性甲状腺肿

甲状腺是人体内最大的内分泌腺体。地方性甲状腺肿病的主要发病原因是由于水和土壤中缺碘所致，其主要临床表现特征是甲状腺肿大。在严重流行的地区，儿童中可发生地方性克汀病，表现为痴呆、矮小、聋哑和智力低下。

碘是人体维持正常生理活动的必需元素。碘的生理作用主要是通过其在甲状腺合成甲状腺素和三碘甲状原氨酸中来实现的。

甲状腺素具有促进体内组织分化、生长与发育成熟的作用;可刺激机体细胞产生 ATP 酶并使其分解产热,增加耗氧量;还可促进蛋白质合成,加速组织对糖的利用,促进脂肪分解,降低血胆固醇的含量。当甲状腺素分泌不足时,会造成钙盐在骨组织上的沉积障碍,影响骨的发育,还会影响神经系统,导致反应迟钝、智力低下。另外,甲状腺素缺乏还会造成消化功能减弱、肠蠕动变慢,并可影响造血系统而产生贫血,还可使性器官发育延迟、性功能降低、男性出现乳房发育等。无机碘经消化道吸收后,可由肝脏门静脉进入人体内循环并分布到全身各个组织器官,其中甲状腺是富集碘离子最多的地方,24 小时可富集摄入碘的 15% ~45%,在碘缺乏地区甚至可以高达 80%。碘主要通过肾脏排出体外,每日由尿排出的碘一般为 50 ~100 微克,占排出量的 40% ~80%,少量经粪便排出,占 10%,还有极少量经乳汁、毛发、汗腺和呼出气排出。医学上通常用尿碘推算碘的摄入量,碘的最低生理需求量依体重为每人每天 50 ~100 微克,供给量为生理需要量的 2 倍,即每人每天需摄入碘含量 100 ~200 微克(中值 150 微克)。

地方性甲状腺肿主要是由于机体缺碘而引起的疾病,其发病机理是机体缺碘造成甲状腺素合成减少,因而使血液中的甲状腺素浓度随之降低,进而反馈性地导致脑垂体前叶分泌的血清促甲状腺激素(TSH)增多,使甲状腺代偿性地增生、腺体肿大。其病程一般分三个阶段:①早期。为弥漫性甲状腺肿,属代偿性甲状腺肿大,不伴有甲状腺功能障碍,此时若及时补碘,肿大可慢慢消退并恢复正常。②中期。随着缺碘时间延长,细胞从增生过渡到萎缩,导致酪氨酸碘化不足或碘化错位,产生异常甲状腺球蛋白,且此种球蛋白不能经水分分泌出去,从而造成大量胶质堆积在滤泡中,呈胶质性甲状腺肿。③后期。胶质的不断蓄积,造成滤泡上皮细胞受压,局部纤维硬化、供血不足,导致细胞变性坏死,出现退行型病变,最后可发展成结节性甲状腺肿,形成大小不等、软硬不一的结节，成为不可逆的器质性病变。

地方性甲状腺肿的临床表现主要为甲状腺肿大，通常按肿大性质分为弥漫型、结节型、混合型、慢性型。弥漫型肿大的甲状腺表面光滑、有韧性感（若质较硬，说明缺碘严重或时间较长），仰头伸颈可见肿大的甲状腺呈蝴蝶状或马鞍状，早期无明显不适，随着腺体增大，可出现周围组织的压迫症状，主要表现在：①气管受压，宫腔变形、移位或软化，出现憋气、呼吸困难，可诱发肺气肿、支气管扩张，严重者可致右心肥大及喘鸣音；②压迫食管，吞咽困难；③压迫静脉，致喉黏膜水肿、声音嘶哑，出现痉挛性咳嗽，晚期可失声；④颈交感神经受压，同侧瞳孔放大，严重者可出现眼球下陷、瞳孔变小、眼睑下垂的颈交感神经麻痹综合症（也称霍纳氏综合症）；⑤胸阔入口变窄，造成静脉回流障碍，举臂阻塞加重而出现头晕；⑥异位甲状腺（胸骨后甲状腺）可压迫上腔静脉，造成胸壁静脉怒张，皮肤出现淤点。临床上还根据肿大的程度分为五个级别：初期，生理增大，易摸到，但不超过本人拇指末节；Ⅰ度，易看到，不超过本人1/3拳头；Ⅱ度，大到1/3至2/3拳头，脖根变粗；Ⅲ度，大到2/3至1个拳头，颈部变形；Ⅳ度，大于1个拳头，多带有结节。对地方性甲状腺肿病的防治措施主要包括：选用含碘适宜的水源水；推行全民补碘，食用碘盐、碘油等；对于已患病人，Ⅰ、Ⅱ度补碘即可逐渐好转，严重的可采取甲状腺激素治疗或进行外科手术治疗。

地方性甲状腺肿病直辖在全世界110多个国家都有流行，我国除上海市以外的所有省、自治区、直辖市都不同程度地存在该种病例。其病区分布特点是山区患病率高于平原、内地高于沿海、农村高于城市，主要分布在地形倾斜、降雨集中、水土流失严重的地区，具体包括华北梁山、五台山、大青山一带，西北秦岭、六盘山、祁连山和天山南北，西南云贵高原、大小凉山、喜马拉雅山，中南伏牛山、大别山、武当山、大巴山、桐柏山，华南十万大山等地带，这些地带的碘元素含量极少（因碘化物溶于水而可随水迁移，故山区碘元素含量低于平原的、而平原的又低于沿海的）。

需要说明一点，缺碘可引起地方性甲状腺肿病，而摄入过量碘同样也可以引发地方性甲状腺肿病，只不过后者的病例较少而已。其一般规律是：水碘在5微克/升以下时，随碘含量的降低，患病率急剧增高；水碘在5～40微克/升时，随碘含量的增加，患病率缓慢下降；水碘在40～90微克/升时，患病率降到最低值并保持平稳；水碘高于90微克/升时，患病率又再度回升（这种情况很少）。

2.3 地方性砷中毒

一般表现为慢性症状，具体参见本书3.1部分的相关内容。

2.4 克山病

克山病是一种以心肌变性坏死为主要病理特征的地方病，与环境低硒有密切关系，也称地方性心肌病，主要表现为心脏扩大、心力衰竭、心率失常等。1935年在黑龙江省克山县发现大批病例，因其病因不明，故称克山病（当地群众曾称为“攻心翻”、“吐黄水病”等）。

近年研究证明克山病主要有两大病因：一是生物地球化学方面，认为病区土壤、水源、粮食中严重缺硒。以粮食为例，病区含硒量为0.003～0.01毫克/千克，非病区的为0.021～0.044毫克/千克，相差4～7倍。硒是生物体多种酶和蛋白质的重要组成部分，为人体必需的微量元素，具有很强的生物活性，参与体内多种生理调节作用。缺硒不利于体内辅酶及免疫球蛋白的合成，会降低对过氧化物的解毒作用和对心、肝、肾的保护作用，以及损伤免疫功能和抑制癌细胞生长的机能。同时环境缺硒常常还伴随着环境富锰,低硒和富锰会进一步加重心肌的损伤;二是微生物学方面,通过原位核酸技术和套式聚合酶链反应,发现克山病病人心肌标本中存在柯萨奇肠道病毒,可诱使原来不致病的株毒变成有害株毒,进而促使心肌病加重。

克山病的临床表现有急性、亚急性、慢性、潜在性4种类型:

(1)急性克山病。发病急,变化迅速。病人主诉全身不适、头痛、头晕、心烦,继而出现恶心、呕吐、心慌、闷气等症状。婴幼儿还会出现四肢发冷、咳嗽、气喘、阵发性腹痛等症状。若出现频繁性喷射状呕吐,则提示为病情转危,往往表现为急性循环衰竭、心源性休克体征。

(2)亚急性克山病。多为小儿患者,早期有咳嗽、气促、精神不振、不愿玩耍、嗜睡或哭闹表现,继而出现食欲减退、恶心、呕吐,部分患者症状疑似上呼吸道感染,多数患儿在起病一周之后可发生心力衰竭、病情加重,常表现为神情淡漠、嗜睡或苦恼、颜面苍白或灰暗、呼吸节律加快、颜面及下肢浮肿,95%以上的患者还会出现心脏扩大、心动过速130~180次/分钟。

(3)慢性克山病。症状体征与急性、亚急性克山病相似,但大多数患者主要表现为慢性心功能不全。病人主诉头痛、头晕、上腹部不适、食欲不振、乏力、恶心、呕吐,以及活动后心悸、气短、咳嗽、咳痰、阵发性呼吸困难,严重的还会出现全身浮肿、甚至漏出性胸腔积液及腹腔积液,体征两颊发红、口唇及颜面发绀、血压偏低、脉搏细弱。

(4)潜在性克山病。劳动后头晕、心悸、气短、恶心,休息后可减轻或消失。患者主要表现为阵发性咳嗽并伴有精神萎靡、食欲不振、腹胀腹泻等症状,体检主要表现为心跳搏动减弱、心浊音界尤其是左下界轻度扩大。

防治克山病的主要措施是:治理生态环境,提高含硒水平;服用高硒制剂,防治急性、亚急性克山病;调整饮食结构、改善饮水条件，补充体内硒含量，防治慢性、潜在性克山病。

克山病在我国的分布具有明显的地域性，从全国范围看，主要分布在北起大兴安岭的黑龙江畔、呈东北—西南走向或狭长状而延伸至云贵川藏，此狭长带刚好处于大陆东南季风湿润带与内陆干旱带之间的过渡区域（同时也是中生代和古生代低硒岩石的分布区）。具体而言，谭见安等学者还根据不同的地质环境进一步划分出了3种类型：一是东北型。其特点是克山病与大骨节病的分布和病情轻重基本平行，病区包括东三省、河北、陇东南、川西北及青藏高原等，病区多饮用富含腐殖酸的潜水和地表水。二是西北型。以陕西渭北黄土高原、陇东黄土高原为代表，克山病与大骨节病的分布基本一致，但大骨节病普遍较重而克山病普遍较轻、甚至没有克山病，该病区主要饮用受有机质污染的窖水、渗泉水和沟溪水；三是西南型。该病区只有克山病而少有大骨节病，属此类病区的有云贵高原、川东山地丘陵平坝地区等，该病区居民多饮用水田渗井水、沟溪水、坑塘水和涝洼水，水质较差、有机质污染严重。

2.5 大骨节病

大骨节病是一种伴随有机体改变、进而造成四肢畸形的地方病，主要表现为关节软骨和骨石板软骨发生病变或坏死、影响骨骼生长、关节疼痛、肌肉萎缩、手脚畸形等，严重的可失去劳动能力和生活自理能力。

大骨节病分布广泛，主要病区位于大陆东部季风湿润地区与内陆干旱地区的过渡带上，从东北到西南横跨寒、温、热三大气候带而呈条状分布，整个病区内自然环境复杂多变，既有山区、丘陵，也有平原甚至沙漠，因此宏观地貌不是该病分布的主要特征依据。但是，微观地貌对该病具有明显的影响：一般大骨节病居民区多分布于各种地貌、地形的相对低洼处，那里水流不畅、土壤潮湿、植被发育、腐殖质富集，而在高原及地形开阔的地方该种病例却很少出现。

从全国范围来看，大致可根据不同的地质环境特点将病区划分为4种类型：

(1)表生天然腐殖环境病区。本区气候湿润，植被茂密，枯枝落叶广布，沼泽发育，草炭堆积，腐殖质丰富。在本区饮用沼泽甸子水、沟水、渗泉水者大骨节病例较多且病情严重，而饮大河水、泉水、深井水者病例明显较少且病情较轻。本类病区多分布于河流中上游的谷地、山涧盆地、碟形洼地，或分布于高原盆地、谷地，如东北的大、小兴安岭皆属于此类病区。

(2)湖沼沉积相环境病区。本区地表景观无明显特征，但与古地理环境密切相关，发病与否主要取决于水井穿过的是什么地层。凡取用冲积层的水，皆因水质较好而多无此病；凡水井穿过湖沼相地层，一般因地层中多见有腐根枝叶而诱发出诸多此病，且具有病情重、发病快、患者集中之特点。本病区主要分布于松辽平原、松嫩平原及三江平原的部分地区。

(3)黄土高原残塬沟壑病区。本区黄土广布、厚达百米，常因侵蚀强烈而形成残塬、沟壑、梁峁地形，由于极度缺水，群众多饮用窖水、沟水、渗泉水及渗井水，由于水质不良，导致大骨节病流行。该区内条件许可而饮用基岩裂缝水及冲积层潜水者基本无此病症。属于该类病区的有渭北黄土高原病区、陇东黄土高原病区等。

(4)沙漠沼泽草炭沉积环境病区。本区属于干旱、半干旱沙漠自然景观，沙丘间距大小不等、丘间洼地大小不同，多数干燥无水，少数为芦苇沼泽，底部有薄层草炭。沼泽水是茶色且有铁锈絮状胶体，饮用者多患有大骨节病，而同一村中饮用洁净泉水和井水者很少有此病例。此类病村多呈岛状分布，在内蒙古西部毛乌素沙地中多有发现。

第 3 章　水质中毒症

水质中毒症指饮用水中含有剧毒化学物质而导致的病症。我国多数主要河流不同程度地受到镉、铅、铬、氰化物、酚等有毒化学物质的污染，因而引起的中毒病症近年屡有发生。其病症主要有两类：一是直接饮用高浓度的污染水后所致的急性中毒；二是污染浓度不太高，但由于其难降解性和食物链的长期富集所致的慢性中毒。

3.1　砷中毒

一般天然地表水中的含砷量很低，但某些地下水中的含砷量甚高（富氧状态下以五价砷为主，厌氧环境中以三价砷居多），有资料显示可达 280 毫克/升。我国现行《生活饮用水卫生标准》（GB 5749—2006）规定砷含量限值为 0.01 毫克/升。

砷中毒通常是由两个方面的原因所引起的：一个是自然因素，即地球化学环境；另一个是人为因素，即砷污染。砷污染主要来源于采矿（含砷矿物超过 150 种，主要有雄黄、雌黄、毒石、砒石等）、冶金、化工、农药生产、纺织、玻璃、制革等企业的工业废水。

地球化学环境引起的砷中毒具有明显的地域性，我国大致可分为三种类型：

(1) 中新生代断陷盆地型。该类型以内蒙古、山西为代表，病区位于干旱、半干旱区内，地势低洼，湖沼发育，沉积物为湖沼相粉矿质黏土和腐殖质淤泥，其上覆盖了河流冲洪积的砂质黏土等，为砷的富集提供了来源。内蒙古河套平原和呼包平原曾暴发砷中毒流行事件，经化验地下水砷含量为 0.18 ~0.40 毫克/升，少数甚至高达 0.969～2.331 毫克/升。

(2)第四纪冲洪积平原型。该类型以新疆奎屯为代表，该区自更新世以来，气候干燥，蒸发强烈，水的矿化度高，砷、氟含量俱高，一度导致砷中毒和地氟病流行。

(3)新生代滨海平原型。该类型以台湾嘉南地区为代表，该区气候湿润，为典型的滨海相沉积地还原环境，地下水中的砷和有机物含量较高。

砷是人体非必需元素。单质砷无毒性，有机砷化合物的毒性也相对较低，而无机砷化氢毒性很强，其次是亚砷酸盐(三价砷)，再次是砷酸盐(五价砷)。存在于环境中的砷及其化合物可经呼吸而由肺、经溶解而由皮肤、经饮水饮食而由消化道进入人体，还可由母体胎盘进入胎儿体内。进入人体的砷会与人体内酶分子中与酶活性相关的巯基结合，从而抑制酶的活性，尤其表现在细胞代谢和呼吸作用受阻，其药理作用是扩张和增加毛细血管的渗透性，并出现水肿。关于砷化物的毒性，《本草纲目启蒙》(小野兰山，1803)中记载："日本称之为砒石(信石)或誉石(砒霜)者……可杀死鼠或蝇……若投入河中，则鱼虫尽死，其毒可知……"

砷中毒一般分急性与慢性两种情况。急性中毒多由事故、下毒引发，其症状外观表现在古典小说《水浒传》第 25 回淫妇"药鸩武大郎"中有过极其惟妙惟肖的描写"油煎肺腑，火燎肝肠。心窝里如雪刃相侵，满腹中似钢刀乱搅。痛剐剐烟生七窍，直挺挺鲜血模糊。浑身冰冷，口内涎流"，又是"牙关紧咬"、"喉管枯干"，最终"肠胃迸断，呜呼哀哉"，死后火化，其"毒药身死的证见"便是"骨殖酥黑"的表象。

历史上急性砷中毒事件不胜枚举：

1815 年拿破仑兵败后被囚于圣赫勒拿岛一小室内，因吸入室内壁纸透出的砷化氢气体而于 1821 年 5 月 5 日中毒身亡，后人在对其遗留的头发化验时发现含砷量高达 39.58 毫克/克，几近于常人的100倍,2005年6月国际法医毒物学家协会主席帕斯卡尔金茨宣布拿破仑死于砷中毒。

1908年11月14日傍晚,清光绪皇帝驾崩,国家清史编纂委员会于2008年11月2日宣布,其化验两缕头发中的一缕含砷量高达2 404微克/克,另一缕的两段分别为362.7微克/克和202.1微克/克,属于急性砒霜中毒死亡。

世界上最大的一次砷中毒事件为日本的“森永奶粉事件”。1956年,日本森永奶粉公司在生产奶粉时,用磷酸氢二钠作为稳定剂,结果混入了剧毒的砷化物,含 As_2O_3(即砒霜)达25~28毫克/千克,厂家把这种含砷的奶粉销售到日本各地,结果造成了砷中毒事件,使日本27个都、道、府、县的12 159人中毒,其中128人患脑麻痹症而死亡。

慢性砷中毒一般由职业性接触和天然地球化学因素所致。潜入水体中的砷特别宜于在毛发和指甲中蓄积,有的潜伏期可长达几年甚至几十年,初时症状一般表现为不适和疲劳、食欲差、消化不良、恶心呕吐、皮肤黏膜干燥或炎症,进一步的症状有头痛、末梢神经炎、腱反射迟钝、知觉神经障碍、皮肤过度色素沉着(黑皮病)、皮肤过度角化症、肌肉萎缩、脱毛、肢体血管痉挛及坏死(黑脚病),一般还伴有内脏脂肪变性、高度衰弱、心脏麻痹等重症。现有充分的流行病学证据表明,无机砷是人体皮肤和肺部的致癌物,还可使染色体发生畸变。

长期饮用砷含量高的水会导致砷慢性中毒。据新疆奎屯地区调查:当饮用水中砷含量大于0.1毫克/升时,开始出现砷中毒患者,但需要相当长的时间,且为轻度中毒;当砷含量达到0.6毫克/升及以上时,出现患者的最短潜伏期仅为半年,持续饮用10年及以上的居民患病率为47.2%,而且出现5例皮肤癌患者。台湾西海岸地区曾对20世纪初4万居民饮用高砷井水60年的情况进行调查研究:当地井水中砷平均浓度约为0.5毫克/升(范围为0.01~

1.8 毫克/升),发现每千人中患皮肤癌者 10.6 人、色素过度沉积者 184 人、皮肤角化症患者 71 人、乌脚病(外周血管紊乱)患者 9 人。

砷的剧毒效应毋庸置疑,不过近年的研究发现却令人感到奇特而有趣:在第十一届全国血液学会议上,陈赛娟院士报告了一项最新成果,As_2O_3 治疗慢性粒细胞白血病是直接作用于 CBL 基因,这就意味着,As_2O_3 同样可以应用到与此相关的肠癌等多种肿瘤的治疗中。对此,卫生部部长陈竺曾提出,希望能够以砷剂这一简单清楚的中药作为研究范例,探索利用现代分子生物学的语言,来描述复方协同治疗、以毒攻毒、祛邪扶正、辨证与辨病等中医药传统理论的内涵。我们也由此而期盼着这一天的及早到来,即以 As_2O_3 治疗白血病机理为契机,为进一步真正地突破和扩大治疗癌症的领域带来历史性的伟大创举。

3.2 镉中毒

一般天然地表水的含镉量为 0.01 ~ 10 微克/升。我国某些铅锌矿、炼锌厂、电镀厂的含镉废水对附近的水源和灌溉造成水质污染,有的相当严重。GB 5749—2006 规定镉的含量限值为 0.005 毫克/升。

镉不是人体的必需元素。镉的毒性仅次于汞,可通过消化道、呼吸道及皮肤吸收,吸收率一般不超过 10%,其中由消化道而吸收的原因是食用了受镉污染的水浇灌的农作物(特别是稻谷,灌溉水中镉浓度达到 0.007 毫克/升时即会造成谷粒污染)以及直接饮用了受镉污染的水。镉进入人体后可随血液在所有脏器分布,其中大部分留积在肾脏和肝脏。镉经消化道引起的急性中毒主要表现为急性发作的恶心、呕吐和腹泻,较严重者伴有头痛、眩晕、大汗和上肢感觉障碍,甚至出现抽搐,一般症状恢复较快。

长期摄入过量镉可引起慢性镉中毒。镉可在人体内潜藏10 ~ 30 年,主要造成肾功能障碍,干扰免疫球蛋白的制造,从而降低机体的免疫力；镉还能导致骨质疏松和骨质软化而使骨骼变形、甚至骨折，最终致人死亡，被称为日本头号公害病的“痛痛病”就是典型的此类病症（详见《水致疾病风险与饮水安全技术》2.6.2节）；镉还是一种“三致性”和环境激素类毒物，一旦进入人体，就可以与相关受体结合，产生一系列生物反应，诱使人体组织和内脏器官发生不同程度的病变。现研究证明，镉与汞、铅都属于典型的环境内分泌干扰物（Environmental Endocrine Disruptors，简称EEDS），能够引起人体内分泌失调，造成生殖器官病变和殃及后代，具体常表现为男性睾丸等组织器官发生结构功能上的退行性变化和母体不孕、早产、流产以及子体死亡率提高、新生儿性别异化与畸变等。如英国威尔士北部的一个小村，近几年出生的全是女性；我国山西省一个偏僻村庄，十多年来无一家生男，并且成年妇女个个罹患头疼和骨痛，其调研结果是这类“女人村”内饮水中的含镉量都偏高许多，损伤了生育系统的Y染色体。慢性镉中毒还会导致前列腺癌和呼吸道癌的发生。

3.3 铬中毒

铬在工业上有很广泛的用途，电镀、制革、玻璃、陶瓷工业以及生产催化剂、色素、油漆、杀菌剂过程中所排放的废水是水体铬污染的重要来源。

铬是人体必需的微量元素，参与脂类代谢，能促进人体内胆固醇的分解和排泄。铬还是葡萄糖耐量因子的组成成分，在胰岛素利用葡萄糖的过程中发挥辅助作用。人体每日对铬的需求量（以三价铬计）为0.5~2微克，而一般人体对食物中“生物合成”的三价铬吸收率为25%，所以每日应由食物提供的三价铬为2~8微克，对一个60千克的成年人来说则相当于每天每千克体重接纳三价铬0.03~0.13微克，低于这一数量就说明是缺铬。缺铬时会影响糖类和脂类代谢,但浓度过高又会对人体健康造成重大危害。

铬化合物能够通过消化道、呼吸道和皮肤进入人体,其中经消化道的六价铬吸收率为2.6% ~5.5%,其进入血液后可与含铁球蛋白和血红蛋白相结合,抑制尿素酶、磷酸酯酶等活性,使血液失去携氧功能而产生内窒息。

急性铬中毒的临床表现主要是刺激和腐蚀消化道,引起恶心、呕吐、上腹部烧灼痛、腹泻等,当摄入铬酸盐剂量达到1~5克时还会造成胃肠紊乱、出血性体质及抽搐、心血管休克继而导致死亡;慢性铬中毒的主要症状是头痛、消瘦、腹部不适和腹泻,还可出现中毒性肝炎、肾炎和铬性贫血。

已有充分的动物试验证据表明,铬酸钾、铬酸铅、铬酸锶、铬酸锌等六价铬酸盐化合物是致癌物质,长期摄入会引起肺部与鼻咽等呼吸道癌变,国际癌症研究会因此已将六价铬划入了人类致癌物的第Ⅰ类。虽然食物是摄入铬的主要来源,据统计一般占人体总摄入量的93% ~98%,通过饮用水而摄入的仅占2% ~7%,但国内外有关规范还是对饮用水铬含量、尤其是六价铬含量极为重视,通常饮用水中的铬质量浓度均系以六价铬而计的,GB 5749—2006 规定六价铬限值是0.05 毫克/升。当水中三价铬浓度达到1毫克/升时,水的浊度明显增加;当水中六价铬浓度达到1 毫克/升时,水呈淡黄色并带有涩味。六价铬对人体的毒性比三价铬高100 倍、致死剂量约为5 克,三价铬对鱼类的毒性比六价铬大。

3.4 铅中毒

近年铅中毒事件频频发生:2009 年8 月陕西省凤翔县长青镇发现731 名儿童中有615 名被检出血铅超标,其中166 名被送往医院救治,事因主要为驻地一家冶炼公司冶炼铅锌矿石所致(《大河报》2009-08-14);同年同月,湖南省武岗市文坪镇横江村有80

多名儿童的血液样本被检出高铅血症 38 人、轻度中毒 28 人、中度中毒 17 人(《西江都市报》2009-08-21);还是同年同月,云南省昆明市东川区铜都镇营盘村和大寨村发生 200 余名儿童血铅水平超标(新华社 2009-08-30);仅过两个月,河南省济源市铅冶炼生产基地暴发铅污染事件,到 2009 年 10 月 19 日,当地医疗机构已检出防护范围内 10 个村 3 108 名儿童中血铅含量高于 250 微克/毫克的有 1 008 人,占 32.4%(《新华纵横》视频 2009-10-26)。

铅中毒除可导致各类肾病以外(详见本书“水质与肾病”内容),还易对儿童健康产生危害。据试验研究,儿童体内对铅的吸收率比成年人高 4 倍(成年人吸收率为 10%,而 1~3 岁幼儿的胃肠道对铅的吸收率则高达 50% 左右),其一旦中毒,除可具有成年人的症状(多为慢性症状)以外,还会根据中毒程度即不同的血铅水平而影响生长发育和智力智商等。有研究资料认为,儿童体内血铅水平每增加 100 微克/升,其智商就会平均降低 4~6 分。GB 5749—2006 规定饮用水中铅的限值是 0.01 毫克/升。

3.5 汞中毒

环境中总的汞含量并不高,一般河水、湖水均不超过 0.1 微克/毫克,但是受到金属矿物冶炼以及氯碱、塑料、电池、电子等工业企业废水污染的水体中汞含量却往往很高。进入水环境中的汞可以呈三种形态存在,即金属汞、无机汞、有机汞,有机汞的毒性较其他两种大。GB 5749—2006 规定汞的限值是 0.001 毫克/升。

汞对人体健康的危害与汞的化学形态、环境条件和侵入人体的途径、方式有关。人体吸收汞及其化合物主要有消化道、呼吸道和皮肤三种途径。其中无机汞和有机汞主要是通过消化道而吸收,无机汞吸收率一般为 7%~15%,吸收后主要聚积在肾脏内,以损伤肾功能为主,其次分布到肝、脾、甲状腺部位;有机汞吸收率可高达95%以上，吸收后主要累积在肝脏内，其次分布到脑组织、睾丸及肾脏处，多以损伤神经系统为主；金属汞主要以汞蒸气方式经呼吸道和皮肤进入人体，进入后可经肺泡吸收75%～80%，吸收物主要蓄积于脑组织中并经血液循环而扩散至全身。

汞的三种化学形态在一定条件下可以转化，如在有氧条件下汞可以 $Hg(OH)_2$ 形式存在、在氯离子浓度高且呈酸性时又可以 $Hg(Cl)_2$ 形式存在，无机汞还可通过微生物代谢转化为有机汞化合物——甲基汞（包括一甲基汞即氯化甲基汞、碘化甲基汞和二甲基汞）。

甲基汞通常呈白色粉末状，一旦进入人体极易被胃肠吸收，然后经血液循环而进入肝脏，最后经转移扩散至大脑或胎盘，在转移过程中，甲基汞会不断地与人体内的含巯基（－SH）有机化合物结合，从而改变或破坏蛋白质结构和功能，甚至导致酶蛋白失活、中断肝脏解毒过程，最终产生剧毒效应而引起全身中毒（在全身组织中的平均半衰期为74天、脑组织中为240天）。甲基汞中毒程度取决于体内蓄积量的多少，一般摄入100毫克即可出现中毒症状、超过500毫克就可能引起死亡。

甲基汞中毒分为急性、亚急性、慢性和先天性四类。急性、亚急性中毒的临床表现为意识障碍、感觉障碍、视野缩小、语言障碍、运动失常、耳聋、震颤和精神异常等；慢性中毒是较长时间地摄入低浓度的甲基汞后（如摄入1毫克/升浓度的甲基汞，一年之后才会发病），开始症状不明显，随着时间的推移，逐渐出现消极抑郁、厌烦易怒、牙龈红肿、牙齿松动、口腔黏膜出现色素沉着（称做汞线）、汞毒性震颤（常见为手指、舌、眼睑震颤），严重时可蔓延至颊肌、上肢、下肢并出现手指书写震颤、运动失调、吞咽及发音困难、中心性视野缩小、听力下降、四肢麻木、疼痛等。

除此，甲基汞还能通过母体而影响胎儿的神经系统，导致新生婴儿出现智能发育障碍、运动机理受损、流涎等小儿麻痹症。据对经常食含甲基汞鱼的正常妊娠妇女研究，其胎儿红细胞中的甲基汞比母体高30%，因胎盘转移甲基汞使胎儿中毒的事例在日本已有多起报道，生下的胎儿多为白痴。影响最为严重的是1932～1968年发生在日本水俣湾的汞中毒事件，当地氮肥厂排放的含汞废水污染水域后，先后造成12 617人通过食鱼而中毒（鱼体内甲基汞浓度可比水中高出上万倍），其中导致死亡1 408人。

3.6 氰化物中毒

自然环境中普遍存在微量氰化物的来源。主要来自肥料和有机质。氰化物在地表水中很不稳定，易迅速被氧化分解为碳酸盐和氨，故少量进入水体不致形成危害。但电镀废水、焦炉和高炉的煤气洗涤冷却水、选矿和矿石冶炼废水、合成纤维工业和某些化工行业废水等，其浓度可达1～180毫克/升，稍有不慎，可造成局部严重污染和危害。氰化物是剧毒物质。氰化氢对成人的平均致死剂量为100毫克左右、氰化钠约为150毫克、氰化钾约为200毫克，成人暴露在氰化氢浓度超过20毫克/千克的环境中数小时就会产生中毒症状，而暴露在浓度超过100毫克/千克环境中只需1小时就会出现生命危险，GB 5749—2006规定其限值为0.05毫克/升。

氰化物进入人体的途径有三种：一是从呼吸道吸入氰化氢气体或含有氰化物的粉尘；二是从口腔进入胃中；三是通过破损的皮肤与氰化物接触而直接进入血液中。当氰化物摄入量超过毒理阈值浓度时便可引起中毒。

氰化物急性中毒的毒理作用是氰基与体内微量金属酶（主要是细胞色素氧化酶的含铁辅基血红蛋白A）结合，使之不能传递电子，阻断细胞内的氧化代谢过程，造成细胞内窒息。一般急性氰化物中毒可分以下四个阶段：前驱期→呼吸困难期→惊厥期→麻痹期。其临床症状依次表现为：口内有苦辣味及烧灼感，随即咽喉部产生束紧感及麻木感，口涎渐多并伴随恶心，继之精神焦虑、神志恍惚、头痛晕眩、下颌活动不灵且产生僵直感觉；呼吸困难、气息加剧，呼出气体及呕吐物有苦杏仁味道；血管运动神经的张力增加，引起反射性心律变慢及血压升高，之后发生麻痹作用，导致血压下降和心跳无力、心律不规则；最后神志丧失、猛烈抽搐、大小便失禁，紧接着进入麻痹状态，全身大汗，眼球突出，瞳孔放大，口吐白色泡沫，皮肤出现潮红，呼吸更加困难，直至呼吸、心跳停止而死亡。

慢性氰化物中毒系少量而长期的接触所致，其毒理作用主要是体内硫氰酸盐增多，抑制甲状腺聚碘功能，干扰碘的有机结合过程，减少体内碘的贮备，使甲状腺机能低下，导致脑垂体前叶代偿性地增加分泌促甲状腺素，造成甲状腺组织增生肿大。其主要表现为：头痛、头昏、失眠、记忆力及注意力减退、食欲不振、恶心、腹痛、便秘、尿频、前区压迫感、心悸、呼吸困难、全身肌肉酸痛或刺痛，病情发展则出现精神萎靡、智力减退、甲状腺增大、性功能减退，皮肤接触可产生斑疹、丘疹和疱疹等。

3.7 有机磷农药中毒

有机磷是广泛应用于农业生产上的杀虫剂，按其毒性可分为剧毒类（如甲拌磷（3911）、内吸磷（1059）、对硫磷（1605）、特普（TEPP）等）、高毒类（如敌敌畏、甲基对硫磷、甲基内吸磷等）和低毒类（如敌百虫、乐果、马拉硫磷等）3 种。在生产、运送及喷洒过程中，如防护不周，可通过皮肤及呼吸道吸收中毒；误服或食用被污染的粮食、水、瓜果或蔬菜等可通过消化道吸收中毒。

有机磷杀虫剂是一种神经毒物，其毒理作用主要是抑制胆碱酯酶的活性，使体内乙酰胆碱不能分解成乙酸及胆碱而发生蓄积。由于乙酰胆碱是胆碱能神经的化学传导介质，可导致胆碱能神经过度兴奋，因此中毒后除出现头晕、头痛、乏力、言语不清、嗜睡、昏迷等中枢神经系统症状以及大汗、流涎、恶心、呕吐、痰增多、尿失禁等毒蕈碱样症状外，还常伴有骨骼肌兴奋、肌束挛缩、肌纤维颤动等烟碱样症状，严重的还会导致肌力减退、呼吸肌麻痹而死亡。GB 5749—2006 规定饮用水中对硫磷含量不得超过 0.003 毫克/升、甲基对硫磷不得超过 0.02 毫克/升、马拉硫磷不得超过 0.25 毫克/升、敌敌畏不得超过 0.001 毫克/升、乐果不得超过 0.08 毫克/升等。

第 4 章　介水传染病

介水传染病是指通过饮用或接触病原体污染的水而传播的疾病,又称水性传染病。污染水体的病原体一般分为生物性污染物(包括动物型和植物型两类,动物型又分为原生动物和后生动物,植物型则可分为藻类和菌类)、细菌、病毒、原虫四种类型。引起疾病传播的原因主要有两个:一是水源受病原体污染后,未经妥善处理和消毒即供居民饮用;二是处理后饮用水在输配水和贮水过程中又重新被病原体污染。地表水和浅井水都极易受到病原体污染而导致介水传染病的发生。

介水传染病的流行特点表现为:水源一次严重污染后,可呈暴发流行,短期内突然出现大量病人,且多数患者发病日期集中在同一潜伏期内。若水源经常受到污染,则发病者可终年不断;病例分布与供水范围一致,大多数患者都有饮用或接触同一水源的历史;一旦对污染源采取有效处理措施,疾病的流行能迅速得到控制。

介水传染病一旦发生,危害较大。因为饮用同一水源的人较多,发病人数往往很多;且病原体在水中一般都能存活数日、甚至数月,有的还能繁殖生长,一些肠道病毒和原虫包囊不易被常规消毒所杀灭。

4.1　霍　乱

霍乱是由霍乱弧菌引起的烈性肠道传染病。临床表现轻重不一,轻者仅有轻度腹泻,重者剧烈吐泻大量米泔水样排泄物,并引起严重脱水、酸碱失衡、周围循环衰竭及急性肾功能衰竭。

霍乱弧菌菌体短小，长1.5～2.0微米、宽0.3～0.4微米，尾端有鞭毛，运动极为活泼，适宜繁殖温度在24℃左右，可在未经处理的河水、海水、井水中存活1～3周甚至更长时间。霍乱弧菌经口进入胃部后，当体内胃酸缺乏或被稀释或入侵菌量较多时，弧菌即进入小肠，并大量繁殖肠毒素。肠毒素是一种能够引起葡萄球菌食物中毒的致病物质，肠毒素的产生会抑制肠黏膜细胞对钠的正常吸收，并刺激隐窝细胞分泌氯化物和水，从而导致肠腔水分和电解质大量聚集，最终出现剧烈的水样腹泻和呕吐。

霍乱潜伏期一般为1～3天（短者数小时，长者5～6天），典型患者多为急骤起病，少数病前1～2天有头昏、倦怠、腹胀及轻度腹泻等前驱症状。霍乱病程一般分为泻吐期、脱水期、反应恢复期三个阶段。泻吐期多数病人无前驱症状，突然发生剧烈腹泻，继之呕吐。腹泻每天可达数十次，甚至大便从肛门直流而出，难以计数。大便初为黄色稀液，迅速就变为米泔水样或无色透明水样，少数重症患者可有洗肉水样便液。呕吐一般呈喷射、连续状，呕吐物初为胃内食物残渣，继之也呈米泔水样或清水样。患者多无发热或仅出现低热，一般持续数小时或1～2天便进入脱水期；脱水期由于经历过了剧烈吐泻，病人迅速呈现出脱水和周围循环衰竭。轻度脱水仅呈现皮肤和口舌干燥、眼窝稍陷、神志无改变，重度脱水则可出现“霍乱面容”，即眼眶下陷、两颊深凹、口唇干燥、神志淡漠甚至不清、皮肤皱缩湿冷且弹性消失、手指干瘪似老妇、腹部凹陷如船舟。当体内大量钠盐丢失时还会引起肌肉痛性痉挛，大量钾盐丧失时则引起肌张力降低、反射消失、腹胀、心律不齐，脱水特别严重者出现有效循环血量不足、脉搏难以触及、血压下降、心音低弱、呼吸浅促、尿量减少或无尿、血尿氮素升高，呈现出明显的尿毒症和酸中毒症；反应恢复期患者脱水纠正后，大多数症状消失，逐渐恢复正常，只有约三分之一患者因循环改善残存于肠腔的毒素被吸收，又出现发热反应，体温一般38～39℃，持续1～3天自行消退。整个病程平均3~7天,也有长达10余天者。

对霍乱的治疗一般分为补液疗法、抗菌疗法和对症疗法。

(1)补液疗法。轻度脱水者24小时需输液2 000~4 000毫升,中度脱水按5%葡萄糖水3份、生理盐水2份、18.67克乳酸钠或1.4%碳酸氢钠1份的比例日补4 000~8 000毫升,重度脱水按3∶2∶1比例日补液体8 000~12 000毫升。

(2)抗菌疗法。早期用四环素治疗,可缩短排菌期。用量上成人每次0.5克,每6小时口服1次,疗程3~5日,或250~500毫克加入液体静脉滴入。

(3)对症疗法。对纠酸中毒者,可用5%碳酸氢钠或11.2%乳酸钠加入液体中静脉滴注;对纠正低血钾者,可口服或静脉滴注氯化钾;对纠正心功能不全者,可用毒毛旋花子甙K、西地兰;肌痉挛时可用葡萄糖酸钙;呕吐时可注射止吐药,剧烈吐泻者可用阿托品0.5毫克作皮下注射。

霍乱主要是通过病菌污染的水或食物传播的,患者和带菌者是霍乱的传染源。一般患者的吐泻物和带菌者的粪便污染水源后,其他健康人如不小心饮用了水源水就极易被感染上霍乱。

我国《传染病防治法》已将霍乱列为甲类传染病,预防措施主要包括:

(1)控制传染源。发现病人立即隔离治疗,直至症状消失6天且粪便培养致病菌连续3次送检呈阴性为止。对疑似病人也要进行隔离检疫,接触者应检疫5天。对发现的带菌者,在隔离检疫期间可应用四环素预防感染发生。

(2)切断传播途径。主要是加强饮水和食品的消毒管理,对病人和带菌者的粪便以及其他排泄物和用具衣被等,均应严格消毒。

(3)教育健康人吃热食、喝开水、不聚餐、灭苍蝇,尽量远离传播源。同时及早注射有关霍乱菌苗,提高机体免疫力(已有的霍乱死菌苗保护率为50%～70%，保护时间3～6个月；新研制的B亚单位毒素菌苗，近年证明可获得80%的保护率，现正在大范围进行试验）。

4.2 细菌性痢疾

细菌性痢疾简称菌痢，是由痢疾杆菌引起的常见肠道传染病，临床上以发热、腹痛、腹泻、里急后重、黏脓血便为特征，其基本病理损害为结肠黏膜的充血、水肿、出血等渗出性炎症改变。因各型菌毒力不同，临床表现也轻重各异。

痢疾杆菌为肠杆菌科贺菌属，革兰染色阴性，无鞭毛及荚膜，但有菌毛。依其抗原结构不同分为A、B、C、D四群，即志贺痢疾杆菌、福氏痢疾杆菌、鲍氏痢疾杆菌、宋氏痢疾杆菌以及42个血清型（含亚型）。国外自20世纪60年代后逐渐以D群占优势，我国目前仍以B群为主（占62.8%～77.3%）、D群次之，近年局部地区A群有增多趋势。各型志贺菌死亡裂解后均会释放内毒素（脂多糖），近年研究证明A群Ⅰ型及部分Ⅱ型、B群2a及个别D群还可产生外毒素，该外毒素具有神经毒素、细胞毒素与肠毒素作用，均可参与致病作用，尤其外毒素的毒力很强，可加重肠黏膜的炎性变化以及肠道外病变。

痢疾杆菌对外界环境有一定抵抗力，其中以D群最强、B群次之、A群最弱，在日光照射30分钟、加热至60℃、10分钟或加热至100℃、1分钟条件下可将其杀灭，对酸及一般消毒剂均很敏感，可在瓜果、蔬菜及被污染物品上存活1～2周，但在阴暗、潮湿、冰冻条件下能生长数周，在粪便中存活时间与气温等条件有关。

该病传染源包括患者和带菌者，传染途径一般是痢疾杆菌随患者或带菌者的粪便排出后，通过污染的手、食品、水源等生活直接接触或苍蝇等间接方式而最终经口进入人的消化道使易感者受感染。痢疾杆菌进入人体后一般可潜伏 1～3 天(数小时至 7 天),发病后依其病程病情分为急性与慢性两种类型。急性菌痢还可分为急性典型型、急性非典型型和急性中毒型三种临床症状:急性典型型常表现为发热伴腹痛、腹泻、黏脓血便、里急后重、左下腹压痛等症状;急性非典型型常表现为一周之内有菌痢接触史、伴有"里急后重"感、左下腹有明显压痛感;急性中毒型菌痢病情发展迅猛、高热、惊厥,往往起病数小时内就发生意识障碍或出现呼吸系统衰竭症状,诊治不当或不及时会造成死亡。急性菌痢一般治后一周可产生免疫力、两周左右即可痊愈,少数患者如诊治不当或因体质衰弱等因素造成病情迁延不愈,超过两个月就会转变为慢性菌痢。慢性菌痢多出现轻度贫血现象。痢疾杆菌败血症主要见于营养不良儿童及免疫功能低下患者,其临床症状非常严重,病死率很高,对此只能及时应用有效的抗生素方可降低死亡率。目前常用的抗菌药物包括:①磺胺药:如复方新诺明,成人每次口服 2 片,每日 2 次;②吡哌酸:成人每日 2 克,分 3～4 次服完。儿童按 25～50 毫克/千克体重分 2～4 次服用;③氟哌酸:成人剂量 200～300 毫克,每日口服 2～4 次;④抗生素:每日 2 次肌肉注射丁胺卡那霉素 0.2～0.4 克或卡那霉素 1.0 克或庆大霉素 8 万 μ;⑤呋喃唑酮:每日 4 次,每次口服 0.1 克;⑥黄连素:每日 4 次,每次口服 0.3 克。

预防菌痢的措施主要有:①对患者和带菌者要做到早发现早隔离,直至粪便培养隔日一检、连续 2～3 次皆阴性为止。对于慢性菌痢带菌者,应调离工作岗位,直至治愈后方可恢复原工作;②认真贯彻执行"三管一灭"方针(即管好水源、食物和粪便,消灭苍蝇),注意个人卫生,养成饭前便后洗手的良好习惯;③主动开展免疫。目前,国内多采用 X 射线照射及氯霉素或亚硝胍诱变等不同方式获取减毒效果;国外有采用大肠杆菌 K12 作为志贺菌染色体中决定 O 抗原部分的受体,对杂菌株进行试验,但未证明有保证作用。

4.3 伤寒和副伤寒

伤寒、副伤寒分别是伤寒杆菌和副伤寒杆菌引起的急性消化道传染病，二者症状基本相同，只是副伤寒者表现相对较轻，其临床均为持续高烧、相对缓脉、特征性中毒症状、脾肿大、玫瑰疹及白细胞减少等，主要并发症为肠出血和肠穿孔。

伤寒杆菌属于沙门氏菌属中的D族，革兰氏染色阴性，菌体呈短杆状，长1~3.5微米、宽0.5~0.8微米，有鞭毛、能活动、不产生芽孢、无荚膜，在自然界中生命力强，一般可在天然水中存活2~3周、在粪便中维持1~2个月、在冰冻条件下维持数月，但对光、热、干燥及消毒剂的抵抗力较弱，加热至60 ℃、15分钟或煮沸后就可立即死亡，消毒饮用水余氯浓度达到0.2~0.4毫克/升时也能迅速杀灭。此菌在菌体裂解时会释放出强烈的内毒素，从而对本病的发生与发展起到催化作用。

伤寒和副伤寒遍布于世界各地，以热带及亚热带地区为多，在不重视饮水饮食卫生的地区可引起流行，其传染源为患者及带菌者，当病人和带菌者的粪便流入水源，或鸡鸭等动物在水边放养而使其禽粪污染了水源，都会酿成伤寒或副伤寒疾病的暴发流行。

伤寒、副伤寒杆菌只感染人类，在自然条件下不感染动物，本类疾病终年可见，以夏秋季居多，潜伏期3~60天、平均1~2周，典型患者的临床表现可分为四个阶段：初期相当于病程第1周。病多缓起，体温呈阶梯状上升，于5~7日达到39.5 ℃或以上，同时伴有全身不适、食欲不振、咳嗽等，部分患者还会出现便秘或腹泻；极期相当于病程第2~3周，主要表现为高热体温转为稽留高热，一般持续半个月左右，少数免疫功能低下者可延长至1~2个月。神经系统中毒症状患者可表现为神情淡漠、反应迟钝、耳鸣、听力减退，重者可出现谵妄、抓空、昏迷，合并虚性脑膜炎时可出现脑膜刺激症。约有半数患者会在病程第1周末期于前胸、腹部出现数个至十几个淡红色丘疹（玫瑰疹），直径一般2～4毫米，压之褪色，2～4日内消退。该阶段20%～73%的患者会出现高温伴脉络缓搏、部分患者甚至出现重脉，半数以上病人于起病一周前后出现脾脏肿大、腹胀、右下腹有压痛感、便秘或腹泻等症状；缓解期相当于病程第3～4周，体温开始波动下降，各种症状逐渐减轻，脾脏开始回缩，但本期有发生肠出血及肠穿孔的危险，需特别提高警惕；恢复期相当于病程第4周末开始，体温恢复正常，食欲旺盛，但体质虚弱，一般约需1个月方能康复。

伤寒病对人类健康威胁很大，在抗菌药物问世以前，伤寒的病死率约为20%，死因大都是严重的毒血症、营养不良、肺炎、肠出血及肠穿孔，自应用氯霉素（常为首选药物，当有骨髓造血功能障碍者时应改选其他抗菌药物）、氨苄青霉素、复方新诺明、羟氨苄青霉素、头孢三嗪等抗菌药物以来死亡率明显下降。我国自1958年以来几乎每年还都有水致伤寒、副伤寒的暴发流行，该病一般从4月开始流行、5～6月呈持续上升趋势、7～9月达到高峰后转呈下降，流行区域主要在农村，流行对象多为不同性别的青少年。

防止伤寒和副伤寒暴发流行的主要措施是加强粪便管理和水源卫生防护，以及对饮用水的净化和消毒处理。采取氯化消毒可有效地杀灭水中的病原体。

4.4　病毒性肝炎

病毒性肝炎是由多种不同肝炎病毒引起的一组以损害肝脏为主的传染病，包括甲型肝炎（旧称传染性肝炎）、乙型肝炎、丙型肝炎等7种肝炎。介水传播的病毒性肝炎主要是甲型和戊型两种病毒性肝炎，其主要传播途径都是“粪口途径”，即这类病的患者或病毒携带者的排泄物污染了饮用水和食物后，由口进入胃肠道所致，一般临床表现是食欲减退、疲乏无力、肝脏肿大、肝区疼痛及肝功能损伤，部分病例出现发热及黄疸，但多数为无症状感染者。

甲型肝炎病毒（HAV）是一种 RNA 病毒，直径约 27 纳米，由 32 个微粒组成对称的 20 面体核衣壳，内含线型单股 RNA，属微小核糖核酸病毒科。HAV 在体外抵抗力较强，在 -20 ℃条件下能够保存数年而使其传染性不变，能耐受 56 ℃ 30 分钟及 pH 为 3 的酸度，但在加热煮沸（100 ℃）5 分钟、干热 160 ℃ 20 分钟、紫外线照射 1 小时或氯浓度为 1 毫克/升溶液中消毒 30 分钟均可将其灭活。HAV 存在于患者的血液、粪便及肝胞浆中，可通过血清化验获取感染的证据。

戊型肝炎病毒（HEV）是单股正链 RNA 病毒，呈球形、直径 27～34 纳米、无囊膜，核衣壳呈 20 面立体对称，在碱性环境中稳定，对高热敏感，煮沸可将其灭活。

甲、戊型肝炎的主要传染源是急性患者和隐性患者，其病毒主要通过粪便排出体外而进入传播环境（水或食物），一般发病前 2 周至发病后 2～4 周的粪便都具有传染性，其中尤以发病前 5 天至发病后 1 周之内为最强。另外，患者和隐性患者的唾液、胆汁及十二指肠液也具有一定的传染性。通过注射或输血传播的机会非常少。在临床观察中，一般男性患者多于女性患者，也说明了男性外出就餐的机会较多，感染病毒的概率较高。

甲型肝炎的潜伏期为 2～6 周（平均 1 个月），主要表现为急性肝炎症状（分急性黄疸型肝炎和急性无黄疸型肝炎），少数也会出现重型肝炎症状。

急性黄疸型肝炎病程可分为以下三个阶段：

（1）黄疸前期。多以发热起病，随之出现全身乏力、食欲不振、厌油、恶心，甚或呕吐并伴有上腹部不适、腹胀、便秘或腹泻，少数病例可出现上呼吸道症状或皮疹、关节痛。该类患者的尿色随病程逐渐加深，至本期末可呈红茶样，同时还可导致肝脏轻度肿大并伴有触痛及叩击痛，化验血清丙氨酸转氨酶明显升高。本期一般持续5天左右。

(2)黄疸期。尿色进一步加深，皮肤出现黄染且逐日加深，多于数日至2周内达到高峰，然后逐渐下降。在黄疸出现后发热症状会很快消退，但胃肠道症状及全身乏力表现则会同时加重，并出现皮肤瘙痒、大便颜色变浅、心动过缓等新症状。本期肝肿大可达到肋缘下1~3厘米，有明显触痛及叩击痛，部分病例伴有脾肿大，肝功能改变明显。本期可持续2~6周。

(3)恢复期。黄疸消退，精神及食欲好转，肿大的肝脏逐渐回缩，触痛及叩击痛消失，肝功能恢复正常。本期持续1~2个月。

急性无黄疸型肝炎起病大多徐缓，临床症状较轻，一般仅有乏力、食欲不振、恶心、肝区痛和腹胀等症状，多无发热，亦不出现黄疸，多于3个月内逐渐恢复。

重型肝炎分为急性重型肝炎和亚急性重型肝炎两种：急性重型肝炎又称暴发型肝炎，起病急、黄疸发展快、病程短(一般不超过10天)，一般为起病高烧伴随消化道严重不适(厌食、恶心、频繁呕吐)，继之出现神经、精神症状(如性格改变、行为反常、嗜睡、烦躁不安)，体检有朴翼样震颤和肝臭，之后出现肝脏迅速缩小并伴随出血症状(鼻衄、呕血、便血等)，最后导致浮肿、腹水、肾功能不全和肝昏迷，病死率很高；亚急性重型肝炎初期类似一般急性黄疸型肝炎，但病情呈进行性加重趋势，晚期可发展为肝肾综合症和肝性昏迷并发症，病程一般为数周至数月，经治疗存活者大多发展为坏死后肝硬化。

戊型肝炎的潜伏期为2~11周(平均6周)，临床表现多为轻中型肝炎，但对孕妇威胁很大，有资料显示妊娠3个月内感染此病的死亡率高达20%。

病毒性肝炎目前尚无可靠而满意的治疗药物，一般采用综合疗法,以适当休息和合理营养为主,同时根据不同病情给予适当的药物辅助治疗(如复方维生素 B、维生素 C 等),并应避免饮酒及使用肝毒性药物。预防措施主要包括:①管理传染源。患者自发病起隔离 3 周,其分泌物、排泄物及污染的医疗器械和物品均应进行消毒处理。②切断传播途径。主要是加强水源保护及粪便的无害化处理,同时搞好个人饮食卫生管理。③保护易感人群。市售人血丙种球蛋白对病毒接触者具有一定的保护作用,注射时间愈早愈好,最迟不得迟于接触后 7 ~ 14 天。

4.5 贾第鞭毛虫病

贾第鞭毛虫病(贾第虫病)是由单细胞原生动物"贾第鞭毛虫"引起的,其原虫是由相当于细菌的芽孢的孢囊形成的,孢囊大小一般为(8 ~ 12)微米 ×(7 ~ 10)微米,主要寄生于人体小肠上部、偶尔也可寄生在胆道或胆囊内,一般患者无明显症状,仅在大便中存有孢囊,只有在虫体多时才会引起腹痛、下痢、肠炎、食欲不振,婴幼儿患者则极易导致营养吸收障碍、引起脂肪性下痢和维生素 A 缺乏所致的视力障碍,在胆道和胆管寄生时会成为胆道系炎症和胆囊炎的诱因。

贾第虫病是人畜共患性疾病,多见于通过由动物粪便而感染的病例。饮用水遭遇此种粪便污染极易造成贾第虫病的暴发。有资料显示,贾第鞭毛虫可在水中存活 1 ~3 个月、温度低于 10 ℃时甚至可存活 77 ~84 天,且由于孢囊尺寸较大,常规氯消毒难以将其杀死,但采取过滤法可将其予以去除或可用抗生素将其杀死。我国各地感染该病的比率平均为 0.16% ~20% ,6 ~ 8 月发病最高,且易在旅游者人群中暴发,故亦称"旅游者腹泻病"。

对贾第鞭毛虫病的患者可用以下药物进行治疗:①灭滴灵 0.2 克,日服 3 次,连服 7 ~10 日;②痢物灵 0.1 克,日服 4 次,连服

10日；③必要时使用甲硝磺酰咪唑，单剂2克，儿童50毫克/千克体重，或哌硝噻唑、硝基咪唑吗啉0.5克/日，均有疗效。

目前，有效防止贾第鞭毛虫病的主要措施是加强水源保护，使水源不受污染，强化饮用水的混凝处理（GB 5749—2006规范限值为少于1个/10升），使之与其他悬浮颗粒一起沉淀下去而得以去除。

4.6 隐孢子虫病

隐孢子虫病是由寄生在人类或动物肠道的隐孢子虫引发的消化道传染病。其主要症状为肠炎、身体疼痛、排气、肿胀、体重下降、持续腹泻并伴有恶心、呕吐、发热、头痛、厌食等，通常病程为两周，但免疫功能缺陷的重症患者可出现霍乱性水泻，若病情得不到有效控制可致人死亡。

隐孢子虫是一种原生动物类寄生虫，卵囊大小为4～6微米，一般寄生于人、畜的肠管内并通过人、畜（主要是羊、牛以及狗、猫、鸟等）粪便而排于环境。该虫可在水中存活数月，且由于具有坚硬的外壳，而使常规氯消毒以及抗生素都难以将其杀死。

隐孢子虫病是一种人畜共患疾病，该病患者、病原体携带者以及相关动物的粪便是其传染源。有水样检测中曾检出隐孢子虫卵囊850～13 700个/升，比GB 5749—2006规范限值1个/10升高出成千上万倍，可见其危害之大是不容忽视的。美国于1993年暴发了一次最大的隐孢子虫病流行，接触人口达160万、受感染人口逾40万。我国该病的感染率在正常人群中为1%～3.3%。目前，在饮用水生产工艺中，可采取高效率的沉淀和过滤措施以大量地去除水中的隐孢子虫孢囊，对极个别不留意的感染者可选用螺旋霉素、克林霉素、阿奇霉素、大蒜素等药物进行治疗，疗程一般为7～10天，效果尚可。

4.7 血吸虫病

血吸虫病是一种人和动物都能受到传染的寄生虫病。成虫可寄生在人、牛、猪或其他哺乳动物的肠系膜静脉和门静脉的血液中,其病变则主要由虫卵所引起。一般临床表现为发热、痢疾症状、肝脾肿大及肝硬变等,是一种严重危害劳动人民身心健康的寄生虫病。党和政府历来对此高度重视,毛泽东主席1958年发表的《七律·送瘟神》即反映了当时大张旗鼓消灭血吸虫病的伟大成就;2006年4月1日,国务院公布了《血吸虫病防治条例》,把防治血吸虫病纳入了法制轨道。

血吸虫病的传染源是患者、带虫家畜和野生动物。其传染渠道是:虫卵从宿主的粪便中排入河水后迅速孵化成毛蚴,毛蚴并不感染人,而是先钻进钉螺体内寄生,钉螺被称为中间宿主,一条毛蚴可在钉螺体内发育、繁殖成千上万条尾蚴,尾蚴离开钉螺后在浅表水面下活动,遇到人或哺乳动物的皮肤便钻入体内而进入血液,当然也可通过饮用水或盥洗时由口腔黏膜而侵入,从而使人或动物感染上血吸虫病。该病病区主要在长江流域的河网湖沼地带,传染群体主要为农民、渔民。

该病不经药物治疗不会自愈,治愈后也不会产生免疫力,如再次接触疫水,还可以同样得病。目前,治疗血吸虫病的支持疗法是:急性期高热不退者可用肾上腺皮质激素及其他解热剂降温;慢性或晚期患者有明显贫血症状者,可用生血药及高蛋白饮食。

对血吸虫病的预防措施主要包括:①普查患者及病畜,严格管理粪便;②查螺、灭螺;③保护水源不受污染;④保护易感人群避免与疫水接触,做好个人防护。

4.8 水蛭病

水蛭又称蚂蟥，圆筒状，长约 1 厘米，口腔周围有 6～7 根触手，是一种有强烈吸血习性的腔肠环节动物，广泛分布于稻田、池塘和沟渠等水土之中，当与人体接触时可吸附在皮肤上吸血，偶可侵入，引起水蛭病。该病是一种人畜共患的寄生虫病。

水蛭感染人体一般是趁人下水游泳、捕鱼、洗脸之机而入侵，或通过喝入含水蛭的溪水、池塘水而引起，发病以夏季为主、秋季次之，病程 1～365 天。水蛭可寄生于人体多个部位，在吸血的同时可分泌出水蛭素，水蛭素能导致黏膜创伤经久不愈和出血。当水蛭寄生于鼻咽部位时，会引起鼻衄、贫血等症状，轻者仅有鼻部不适、鼻涕带血、鼻痒、鼻塞、异物感等症状，重者可出现鼻痛、头痛、紧张甚至休克；当水蛭寄生于喉部时，可产生喉痒、异物爬动感、剧咳、咯血及声嘶等症状；当水蛭寄生于生殖泌尿道时，除可表现为阴道出血以外，还可伴有头晕、面色苍白、出冷汗、血压下降等症状。

水蛭病多见于偏远农村，对成年劳动者尤其幼女危害较大。将水温加热至 40 ℃可将其杀死。对已患病者，可根据具体情况区别用药：鼻咽喉部水蛭病可用安冰合剂（复方安息酊）蒸气吸入驱虫；消化道水蛭病可用阿苯达唑等驱虫药促其随粪便排出。

4.9 脊髓灰质炎

脊髓灰质炎是由脊髓灰质炎病毒引起的急性传染病，这种病毒主要侵害中枢神经系统，以脊髓前角运动神经细胞受损最为明显，可出现肢体弛缓性瘫痪，多见于小儿，故有“小儿麻痹症”之称。该病的传染源是本病患者及带病毒者，病毒可由鼻咽分泌物及粪便中排出体外,当人不留心而饮用了受这种粪便污染的水体以及其他传播方式(如飞沫传播)而感染上病毒后,就可能发病,一般的患者以6个月至5岁间的儿童居多。

脊髓灰质炎的临床表现是:发热起病,继之出现咽痛、厌食、腹泻、多汗、全身软弱、肢体疼痛、感觉过敏,检查时,三角架征、吻膝试验及脑膜刺激征均呈阳性。如病程得不到控制,则接下来就会出现肢体不对称性、弛缓性瘫痪,该期多见于单侧下肢瘫痪、感觉无障碍、腱反射消失。若病变损害延及髓呼吸中枢、循环中枢时,还可出现中枢性呼吸衰竭和循环衰竭,脑型则表现为昏迷、惊厥和肢体强直性瘫痪。

该病急性期治疗可采用氢化可的松静滴或口服,以减轻炎症反应、促进瘫痪恢复;恢复期可日注加兰他敏0.05~0.1毫克/千克体重和维生素B1 100毫克、维生素B12 100微克,口服地巴唑5毫克或0.1~0.2毫克/千克体重,以促进神经功能恢复,防止肌肉萎缩及肢体畸形;对已经出现肌肉萎缩后遗症的(一般发病半年以后)患者,可采取理疗、体疗,进行保护性及固定肌腱移植等矫形手术补偿,以最大限度地减轻残疾。

对脊髓灰质炎的预防措施主要包括:①隔离消毒。自发病之日起,隔离40日。隔离期间,患者的食具、排泄物及被污染的衣物、用具等均应予以消毒。②自动免疫。口服脊髓灰质炎疫苗,2个月以上婴儿即可开始服用,7岁以下幼儿应普遍服用。③有密切接触史而又未服疫苗的幼儿,可肌注0.3~0.5毫升/千克体重的丙种球蛋白预防。④保护好饮用水源,对可能造成的污染要加强消毒处理。

4.10 柯萨奇病毒和埃可病毒感染

柯萨奇病毒和埃可病毒感染,在世界各地流行很广,可引起多种多样的临床表现，而以无菌性脑膜炎、急性心肌炎、流行性胸痛、疱疹性咽峡炎最为常见，亦可引起呼吸道感染、呕吐、腹泻等症状。柯萨奇病毒和埃可病毒与脊髓灰质炎病毒有很多相似之处，三者统称为“肠道病毒”。

本病传染源为患者、隐性感染及健康带毒者，带毒率随气候而有变动，其中以夏秋季较多。病毒由患者的鼻咽分泌物及粪便排出体外，主要通过密切接触及随饮水、饮食而经口感染，也可通过呼吸道传播。发病以小儿较多，病后对同型病毒具有持久免疫力。

柯萨奇病毒和埃可病毒感染的临床症状主要有以下几种：

(1)无菌性脑膜炎、脑炎及脊髓炎。以柯萨奇 A7、A9、A23，B1～B6 和埃可 4、6、9、11、14、16、30 型所致者常见。表现为发热、头痛、呕吐，发病后 1～2 日内出现脑膜刺激症，脑脊液细胞数可达 $(100\sim200)\times10^6$ 个/升，初期以中性粒细胞为主，但迅速转以单核和淋巴细胞增多为主。糖与氯化物含量正常，蛋白略有增高。极少数患者表现为脑炎或脊髓炎。

(2)心肌炎、心包炎。主要由柯萨奇病毒 B 群 1～5 型病毒引起，也可由柯萨奇 A4、A16、A23 或埃可 6、8、9 型引起。心肌炎主见于婴儿，患者出生后 1 周内可出现心力衰竭。近年来也发现一部分较大儿童及成年人中出现有此类病症。

(3)流行性胸痛。由柯萨奇 B 群 1～5 型及部分 A 群与埃可病毒引起。病变常累及浅层胸腹肌，成年人以胸痛为多、婴幼儿则以腹痛为多，常伴有发热、厌食、腹泻等症状。

(4)疱疹性咽峡炎。主要由柯萨奇 A 群病毒引起，B 群及埃可病毒亦可引起。有发热、咽部出现散在性灰白色小疱疹，可破溃成黄色溃疡，伴有咽痛，吞咽困难。

(5)流行性皮疹病。以柯萨奇 A9、A16、A23 型和埃可 4、6、9、16 型所致者最为常见。多流行于婴幼儿及儿童，有发热、皮肤出现斑疹或斑丘疹、疱疹，少数病例可于手掌、足跖和口腔内出现水疱性皮疹,亦称“手足口病”。

(6)呼吸道感染。多由埃可病毒4、6、9、16型和柯萨奇A21、A24型引起,常呈上呼吸道炎和咽炎征象,亦可引起婴幼儿支气管炎和肺炎。

(7)婴幼儿腹泻。主要由埃可病毒引起,一般每日腹泻6~7次,多为绿色水样便,可伴低热,病程1~2日。

以上病症仅靠咽分泌物及粪便化验尚不能确诊,一般还需结合血清学试验方可确诊。目前对此类病症尚没有特效药物防治,临床上多以对症治疗为主,对呕吐、腹泻者应注意补充液体及电解质。

4.11 败血症

败血症是由致病菌或条件致病菌侵入血循环,并在血液中生长繁殖产生毒素而诱发的急性全身性感染疾病。以寒战、高热、毒血症状、皮疹及肝脾肿大等为主要临床表现,并易导致感染性休克或迁徙性病灶。伴有多发性脓肿而病程较长者,称脓毒血症;细菌短暂侵入血循环,通过免疫功能被清除,而无明显毒血症状者称为菌血症。

各种不同的致病菌均可成为败血症的病原菌。葡萄球菌、大肠杆菌、产气杆菌、肺炎杆菌及绿脓杆菌是引起败血症的最常见菌种,其中饮用水中的常见致病菌是大肠杆菌。大肠杆菌又称大肠埃希氏菌,是好氧及兼性的、革兰染色阴性、无芽孢、大小为(2~3)微米×(0.5~0.8)微米、两端钝圆的杆菌,可在温度为10 ~46℃、pH为4.5~9.0的环境条件下生长。大肠杆菌落有几百种菌株,其中大部分是无害的,只有少数能引起病变,如美国科学家1982年发现并命名为0-157的大肠杆菌,其毒素进入血液后能够破坏红细胞、白血球、血小板,产生溶血性尿毒综合症和血栓性血小板减少性紫癜，出现肺部迁徙性病变及肝、脾肿大等肝胆系统疾病，严重的可致感染性休克、直至死亡。

对大肠杆菌型败血症可选用庆大霉素、卡那霉素、妥布霉素或丁胺卡那霉素等氨基甙类抗生素进行治疗。对其他类型的败血症（如绿脓杆菌败血症、变形杆菌败血症、产碱杆菌败血症等）也要选取适宜的抗生素药物进行对症治疗。

预防败血症的主要措施包括：①加强消毒隔离，预防交叉感染；②对原发疾病与基础疾病必须及时、正确治疗；③合理使用抗生素、肾上腺皮质激素及抗癌药物，防止菌群失调和降低机体免疫力；④对粪便污染的水源水进行有效消毒，我国现行《生活饮用水卫生标准》规定饮用水中不得查出含有大肠杆菌等微生物。

第5章　水质与糖尿病

糖尿病是由遗传因素、免疫功能紊乱、微生物感染及其毒素、自由基毒素、精神因素等各种致病因子作用于机体而导致胰岛功能减退、胰岛素抵抗（Insulin Resistance，IR）等引发的糖、蛋白质、脂肪、水和电解质等一系列代谢紊乱综合症，临床上以高血糖为主要特点，典型病例可出现多食、易饥、多尿、多饮、口渴、消瘦、乏力等表现，即“三多一少”症状。糖尿病分Ⅰ型糖尿病和Ⅱ型糖尿病两种：Ⅰ型糖尿病又名胰岛素依赖型糖尿病或青少年糖尿病，主要发病于35岁以下群体，约占糖尿病总病人数的10%，其水环境诱因主要是：当水源含有柯萨奇病毒（能引起脊髓灰质炎）以及能够引起流行性腮腺炎和风疹的病毒，人们长期饮用后就可增加罹患Ⅰ型糖尿病的风险；Ⅱ型糖尿病也叫成人发病型糖尿病，多在35～40岁之后发病，占糖尿病患者的90%以上，这部分病人体内产生胰岛素的能力并非完全丧失，有的患者体内胰岛素甚至还会过量，但胰岛素的作用效果却是大打折扣，因此患者体内的胰岛素是一种相对缺乏。Ⅱ型糖尿病的环境诱因十分复杂，科学研究发现，Ⅱ型糖尿病的发生与人体尿液中的双酚A浓度成正比。双酚A学名2,2－双(4－羟基苯基)丙烷，也称BPA，是重要的有机化工原料，属低毒性化学物质，主要用于生产聚碳酸酯、环氧树脂、聚砜树脂、聚苯醚树脂、不饱和聚酯树脂等多种高分子材料，也可用于生产增塑剂、阻燃剂、抗氧剂、热稳定剂、橡胶防老剂、农药、涂料等精细化工产品。在人们的日常生活中，可以说BPA无处不在，从矿泉水瓶、医疗器械到食品包装的内里，都有它的身影，有统计资料显示全世界每年生产的含有BPA的塑料多达2 700万吨。问题的危险性还在于,BPA 可通过皮肤接触而进入人体。美国环保组织(EWG)研究称,工作中经常接触 BPA 的人,是患病高危一族。在我国,糖尿病的危害与日俱增,据有关统计资料显示,目前已有10% 的成年人患上了糖尿病,总人数约达 9 240 万(近年平均每年新增患者 125 万人,平均每天新发现患者 3 400 人),成为世界上糖尿病人数最多的国家,另还有 16% 的人处于糖尿病边缘。有关专家指出,我国近十几年来糖尿病发病人数迅速增长与年轻化主要与现代人的不良生活方式有关:如吃得太精、太油腻、太咸、过量以及缺乏运动、农村体力劳动强度降低、精神方面情绪不良,等等。

此外,研究还表明,过量饮酒(一个 60 千克体重的人,每天允许摄入的酒精量不宜超过 60 毫升)会引起胰岛氧化损伤,使得胰岛细胞凋亡,造成胰岛功能受损,进而引起血液中葡萄糖浓度升高,最终导致大量的糖分从尿中排出,长此以往就会出现多饮、多尿、多食、消瘦、乏力等糖尿病症状。

人患上糖尿病以后,除可表现出前述"三多一少"症状外,还可导致体内多个系统的损伤,如引起胰岛素绝对或相对分泌不足以及靶组织细胞对胰岛素敏感性降低,进而造成蛋白质、脂肪、水和电解质等一系列代谢紊乱和综合症,当然其中以高血糖为主要标志。糖尿病的急性并发症还会直接危害患者的生命,对幼儿而言,如控制血糖情况不佳,还会造成身材矮小、发育迟缓等。美国《时代》周刊报道,糖尿病还与抑郁症之间存在双向联系,糖尿病患者诱发抑郁症的风险比普通人高出 29%,抑郁症患者诱发糖尿病的风险则比普通人高出 17%。因此,防治糖尿病十分必要。

在日常生活中,得了糖尿病以后如何进行防治呢?专家要求对糖尿病患者必须进行规范化治疗,因为糖尿病不同于其他疾病,吃药和注射胰岛素一定要严格按照规定的时间进行(因降糖药的作用效果除与药品种类及剂量有关外,还与药物浓度及血糖浓度的相互作用有关),唯有如此,才能够充分发挥降糖药的作用,同时也可避免发生低血糖等不良反应。除药物治疗外，糖尿病患者的饮食饮水亦十分考究。营养专家建议，饮食上应少荤多素，生活上应少懒多动，中医保健方面应注意补脾阳和肾阳。就饮水方面而言，除具有肾功能障碍及水肿症状的患者以外，都应与普通健康人一样，坚持每天喝足 1 300 ~ 2 000 毫升水，可以是白开水，也可以是淡茶水或矿泉水，牛奶、豆浆、鲜萝卜汁对糖尿病患者尤为适合。饮水时机宜为上午 9 ~ 11 时和下午3 ~ 5时之间（即三餐前 1 小时），每次饮水量宜控制在 100 毫升左右。主食方面可多吃大米少吃面，蔬菜方面可多吃苦瓜、黑木耳、海带、洋葱、南瓜、黄瓜、菠菜、小扁豆，水果方面可多吃苹果、柚子、樱桃、桃等。英国最新一项对 22 万人的饮食健康数据研究显示，每天坚持进食 120 克菠菜等绿叶蔬菜的人，其罹患Ⅱ型糖尿病的风险比不常吃绿叶蔬菜的人低 14%，研究人员认为这可能与绿叶蔬菜中富含抗氧化物和镁元素有关。

第6章　水质与肾病

2008年3月28日《城市晚报》报道,吉林市舒兰县水曲柳镇东升村福兴屯自然村70户人家近几年频频出现肾炎、肾结石、尿毒症,并且有3人确诊为尿毒症、1人因尿毒症而身亡,村民怀疑病根来自多年来喝的有怪味的井水,肾病专家解释说饮用水中含铅量过高容易引起肾病。铅是一种严重的环境毒和神经毒,具有很强的蓄积性。饮用水中铅的来源主要有四种途径:一是含铅矿石(如内生的方铅矿 PbS,外生的铅矾 $PbSO_4$、白铅矿 $PbCO_3$ 等)和土壤中溶出的天然水;二是散发在空气中的铅尘通过污染雨、雪所形成的降水;三是含铅工业排放水和含铅农药残留液;四是含铅管材制作的供水管道通过弱酸性水时会造成铅的溶解而污染水体。

进入人体中的铅主要经过消化道、呼吸道、皮肤吸收后转入血液,然后与红血球结合再输送到全身,主要蓄积于骨骼以及肌肉组织、神经系统和肾脏中,从而诱发肾炎、肾结石、尿毒症等各种肾病。铅还能透过母体胎盘,侵入到胎儿体内,特别是侵入胎儿的脑组织内,危害胎儿健康(有关铅中毒对儿童的危害参见本书"水质中毒症"相关内容)。

提及肾病,就不能不提及肾结石、膀胱炎及前列腺炎这三种最常见的疾病。

肾结石在泌尿系统结石中位居首位,是泌尿科的常见病,任何年龄层都有罹患此病的可能性,其中中壮年患病率最高。目前认为肾结石的产生与人体代谢环境、饮食、疾病等因素有密切关系,其中在日常生活中喝水太少或饮食不规律是引起肾结石的主要原因。对此,专家建议预防的首要措施是坚持多喝水,每天要做到至少喝进10杯水(2 000毫升以上,但对出现心衰、水肿及高血压的患者则例外),直至尿量恢复正常后再适当酌减进水量到常态水平。

大多数时候,膀胱炎不是作为一种独立的疾病出现,而是肾脏其他疾病的继发感染或者是泌尿系统感染的一部分。患者以女性居多,男、女皆有,中医认为膀胱与肾相表里,肾为里、相当于家庭组合中的妻子,膀胱为外、相当于丈夫。如果丈夫(膀胱)在外面工作得很好,那一定是妻子(肾)的内勤服务做得不错;反之,如果妻子不好、家庭后院起火,那丈夫的工作也肯定会受到很大的干扰。“夫妻本是同命鸟”,这就是膀胱与肾的关系,即坚持每天喝足8~10杯白开水,以增大尿量和冲洗能力,始终保持身体的清洁卫生。同时日常生活中可注意多摄入含有维生素B和乳酸菌的食物以及草莓果汁饮料等,都对预防膀胱炎有一定帮助。

前列腺是男性生殖泌尿系统中最常出现问题的部位,其中前列腺炎和前列腺增生是两种最常见的疾病。通常由身体其他部位的细菌感染入侵所致,可以部分或全部地阻碍尿液由膀胱流出,造成膀胱膨胀、衰弱并将感染经由输尿管而传至肾脏,轻者表现为尿急、尿频、尿不净,重者可出现灼热、尿痛、尿液带血等症状,特别严重的甚至还可以引起尿毒症及诱发肿瘤病变等恶果。预防前列腺疾病的主要措施包括:①白天多饮水,加强对尿路的冲洗作用;夜间少饮水,避免睡后膀胱过度充盈。②日常生活中忌饮酒、忌食辛辣刺激性食物,注意不过度劳累、不久坐不动、更不要憋尿。③预防感冒和上呼吸道感染,及时治疗膀胱炎及尿道结石等病症,注意保持胯下干爽透气卫生,经常按摩小腹亦有利于膀胱功能的恢复。

第 7 章　水质与胃病

人们常说的胃病，一般是指胃炎和胃、十二指肠溃疡病，多发于 40 ~ 50 岁，引起胃病的原因很多，包括遗传、环境、饮食、药物、细菌感染以及吸烟、过度酗酒等，不过医学界一般认为，幽门螺杆菌是其中的主要诱因。幽门螺杆菌是一种单极、多鞭毛、末端钝圆、螺旋形弯曲的细菌，长 2.5 ~ 4.0 微米、宽 0.5 ~ 1.0 微米，可见于胃病患者的粪便，此种粪便一旦排入水体，就有可能通过饮水渠道而传染给他人。幽门螺杆菌进入胃腔后，能借助菌体一侧的鞭毛提供动力而穿透黏液层，损伤胃壁原有的一系列自我保护机制，破坏胃酸、胃蛋白酶的分泌功能，进而诱发各种类型的急、慢性胃炎。大量临床病例表明，幽门螺杆菌感染可明显增大发生十二指肠溃疡的危险性，大约 1/6 的幽门螺杆菌感染者最终罹患消化性溃疡病。长期溃疡病不愈，就有可能转化成胃癌。1994 年世界卫生组织/国际癌症研究机构（WHO/IARC）将幽门螺杆菌列为Ⅰ类致癌源。

胃是消化系统的重要组件，其患病机理多与饮食有关，因此平时预防要注意做到膳食结构合理，一日三餐有规律，不要狼吞虎咽、吃得过饱，也不要养成不吃早饭等坏习惯，更不能偏爱烟酒（烟酒易刺激胃黏膜而引起溃疡），食品要清洁卫生，少吃辛辣、油腻、生冷、过硬食物，更要注意水的及时补充和对体内水结构的保护。一般有腹泻症状的患者，要注意补充体内流失的水分和盐分，通常每 15 分钟喝 150 毫升淡盐水为宜，待肠胃休息好而有饥饿感时再食些含钾的香蕉更佳；需要注意的是，对急性肠胃炎患者，一定要及时补充“补液盐”而非单纯地喝水，以防止电解质紊乱；有专家建议每天要至少喝 3 000 毫升的白开水(如能喝磁化水则效果更好),以强化大肠蠕动,促使大便顺利排出;对于因食物中毒而引起的上吐下泻者,要首选进行液体补充(一般为盐糖 1:8的混合溶液),补充体内所流失的电解质,以防止脱水和循环衰竭。

第8章 水质与高血压

高血压病系指排除一切已知原因，而以高血压为主要特征，并伴有心、脑、肾等器官生理与病理性改变的全身性疾病。高血压患者（一般认为成人动脉收缩压即俗称的高压高于140毫米汞柱、舒张压即俗称的低压高于90毫米汞柱）一般症状是头痛、眩晕、耳鸣、心悸气短、失眠、肢体麻木等，随着病程的加重可并发有冠心病、糖尿病、脑出血、高血脂、心力衰竭、周围动脉硬化、中风、左心室肥厚、肾病等。我国在近30年间罹患此病的比例持续走高，1980年时只有7.8%，到2001年时上升到了27.2%，近10年更是增幅惊人，据中国心血管病调查报告显示，目前全国的高血压病患者已经超过了2亿人，高血压实实在在成了危害人们健康的隐形杀手。对于高血压病因的研究，学界较一致的观点是高摄入钠盐和脂肪会助推血压的升高。在2010年3月召开的“高血压指南/循证中国临床推广项目”启动会议上，中华医学会心血管病专家披露，美国最新建议的人均每天限盐量已从以前的3克钠盐摄入量降到了1.5～2.3克钠摄入量（相当于4～6克食盐），而我国的人均日摄入食盐量为8～25克（城市均值10.9克，农村均值12.4克），可见与学者荐值相差甚远。只是当下人们的食盐途径90%是来自于食物、只有约10%是来自于水，控制食盐入口的重任自然也应放在食物的制作与选配方面。

在饮食方面，中国老年保健协会心血管专家委员会主任委员、全国心血管病防治科研领导小组副组长洪昭光教授和卫生部健康教育首席专家、解放军总医院营养科研究员赵霖教授将高血压患者的食疗“处方”归结为“一豆三子一米”、五种降压茶、“二黑二青及一豆一茄”、“一卜一子一豆”。

“一豆三子一米”中的“一豆”指的是豌豆。豌豆中富含胡萝卜素、维生素 E 及维生素 C,长期饮用有助于保护血管的正常生理功能;“三子”指的是松子、榛子、葵花子。松子富含人体必需的脂肪酸,具有降低胆固醇含量、防止动脉硬化、降低血压的作用,榛子和葵花子里含钾较高;“一米”指的是花生米。花生中近一半的亚油酸等不饱和脂肪酸具有降低胆固醇、防止动脉粥样硬化、降低血压的功效,用醋浸泡花生米 1 周后,每晚口服 7~10 粒,可以辅助降压。

五种降压茶包括:①山楂茶。这种茶有助消化、扩张血管、辅助降低血糖与血压的作用,可每天用新鲜山楂果 1~2 枚泡茶饮用数次. ②荷叶茶。这种茶具有扩张血管、降低血压的功效,可每天用新鲜荷叶半张洗净切碎,加适量水煮沸,然后放凉后代茶饮用。③玉米须茶,将玉米须泡成茶,每次饮用 25~30 克,坚持每天数次,有很好的降压功效,尤其对肾炎引起的高血压更具疗效。④葛根茶。葛根具有改善脑部血液循环的作用,对因高血压引起的头痛、眩晕、耳鸣等有食疗功效。将葛根洗净切成薄片,每天 30 克,加水煮沸后当茶饮用。⑤槐花茶。将槐树花蕾摘下晒干,用开水浸泡后当茶饮用,每天数次,对高血压具有独特的治疗效果。

“二黑二青”指的是黑木耳、荸荠和菠菜、芹菜。黑木耳被称为“素中之荤”,其降压作用不是直接的,而是通过改善血管间接降压。洪昭光教授特别推荐:将黑木耳 15 克、银耳 15 克泡发后去蒂、撕成瓣,放入碗中,然后加冰糖、枸杞子各 20 克及适量清水,上锅蒸 30 分钟,取出后放凉,调入蜂蜜 20 克,即可当点心,分早晚两次服用,适用于各种高血压病,尤适用于高血压病伴有动脉粥样硬化、眼底出血的患者;荸荠含有一种抗菌成分——荸荠英,对于抗癌、降压都有一定作用,是一种食药作用兼具的好食品。需注意的是,荸荠英不耐热,所以荸荠最好当水果生吃;菠菜与芹菜均含有大量的胡萝卜素、钾和维生素 C 等抗氧化物，有助于减慢自由基对血管的伤害，其中丰富的钾更有助于降血压。

“一豆一茄”指的是土豆、番茄。土豆也是高钾食品，钾含量比一般谷物食品高许多，所以具有降压作用。在食疗中，番茄是治疗高血压、眩晕、血脂增高的常用食物。治疗方法是：取红番茄 1～2 个，每天晨起空腹食用，15 天 1 疗程。若高血压伴有高脂症，则取红番茄 100 克，洗净榨汁，同时取天麻 10 克浓煎取汁，之后将二汁合并混匀，温服，每天 30 毫升，每天早晚两次。

“一卜一子一豆”中的“一卜”指的是萝卜，其做法是将白萝卜切碎捣烂取汁，每次 50 毫升，每天饮用 2 次，可起到降脂降压、软化血管的作用；“一子”指的是莲子，莲子中的有效成分对血流动力具有抑制作用，有助于抑制心肌收缩、减慢心率、扩张冠状动脉、松弛血管、降低血压，还具有抗心律失常、抗心肌缺血的作用，其做法是：取莲子 10 克、龙眼肉 15 克、百合 12 克、五味子 9 克，每晚用水煎服；“一豆”指的是绿豆，绿豆含有多种氨基酸以及铜、镁、锰等元素，其中精氨酸是合成人体细胞浆蛋白、核蛋白的重要原料，对维持体重和体内氮平衡起重要作用，还具有促进人体激素（如生长激素、胰岛素、肾上腺素等）分泌与调节免疫功能的作用，长期食用绿豆有助于降低血压和减少血胆固醇、防止动脉粥样硬化。

需要特别提醒的是，对所有食疗“处方”只能抱以重视的态度，而不能对其盲从，更不能视其为药。高血压患者必须长期坚持服用降压药物来保持血压稳定，在治疗高血压病过程中，食疗仅起辅助作用，并没有立竿见影的效果，并且还要做到长期坚持，才能发挥出应有的疗效。

在饮水方面，专家建议高血压患者在日常生活中可适当多饮茶水，尤其是绿茶中含有丰富的茶多酚，有助于维生素 C 在体内的吸收利用，并可促进有害铬离子的排出，长期饮用对人体大有裨益。

顺便提醒的还有,当今人们对高血压的危害已大多有足够的认识,但对与之相反的低血压(一般认为成人血压低于90/60 毫米汞柱、老年人血压低于100/70 毫米汞柱)危害却缺乏应有的认识。据专家介绍,低血压发病原因很多,多数患者没有明显的临床症状,只有少数表现为头晕、头痛、食欲不振、疲劳、脸色苍白、消化不良等,严重的还会出现昏厥。如果低血压状况长期得不到改善,会造成机体功能大大降低,进一步导致视力、听力下降和精神疲惫、心情压抑,诱发或加重老年性痴呆,严重的还可能导致大面积脑梗塞和心肌缺血、心绞痛。专家认为,对症状不明显的低血压患者不需要进行特殊的治疗,只需在日常生活中注重营养、加强锻炼、不断增强体质,就可逐步增强心肌收缩力、提高心脏功能。对症状明显或影响正常生活的低血压患者则要及时到医院进行检查治疗。

第 9 章　水质与心脏病

心脏病也称心血管疾病，它是人类当今的重要杀手之一，中国心血管病调查报告显示，我国每年死于心脑血管病的患者达 300 万人。由于心脏是人体的动力器官（俗称泵），通过它的收缩、舒张可将血液送到全身其他器官，所以一旦发生故障就会导致心肌缺血、缺氧甚至坏死（即心肌梗死）、猝死。本病种类繁多，病因复杂，其中有些疾病如动脉粥样硬化和冠心病、高血压病和心力衰竭等与饮水及营养因素关系密切，科学饮水已成为防治这些疾病的重要措施之一。

多年来，许多研究都揭示了水质与心血管病死亡率的关系。研究表明硬度和总溶解性固体是两项至关重要的因素。硬度是指水中钙和镁的总量或碳酸钙（$CaCO_3$）的量，$CaCO_3$ 越多，水越硬；$CaCO_3$ 越少，水越软；总溶解性固体（Total Dissoloved Solids，简称 TDS）是度量饮用水中所有矿物质含量的指标，它不仅包括钙和镁（即硬度指标），还包括锌、铜、铬、硒等。硬度和 TDS 的一般关系是，硬度越高，其 TDS 也越高。关于硬度和 TDS 与心脏病的发病关系可从一些研究成果略见一斑：1969 ~ 1973 年英国区域性心脏病研究中心分析了 253 个城镇，发现软水地区心血管病死亡率比硬水地区高 10% ~ 15%，并提出最理想的硬度指标为 170 毫克/升；英国的 Scunthrope 和 Grimshy 原来都饮用硬度为 444 毫克/升的水，其心脏病死亡率亦相同，后来 Scunthrope 市把饮用水软化到 100 毫克/升，几年后其心血管病的发病率陡然上升，而 Grimshy 市仍保持原有的发病率；在美国，Greathouse 和 Oshorne 研究了年龄在 25 ~ 74 岁、分布于 35 个不同地区的 4 200 个成年人，结果发现硬水地区的心脏病死亡率低于软水地区。美国科学院得出结论，理想的饮用水能够使心血管病死亡率减少15%。

当然，预防心脏病除严把水质关、努力做到科学饮水外，还可从以下几个方面入手做好防患措施：一是合理膳食，有研究表明，蔬菜水果的摄入可影响血压与心血管疾病，适当多吃绿叶蔬菜和富含维生素C的蔬菜、水果（如菠菜、萝卜、绿豆芽、西红柿、洋葱、柑橘、山楂、核桃、石榴、草莓、杏、枣、西瓜、苹果、猕猴桃等），可有效降低罹患冠心病的风险。日本近年研究发现，常食红薯亦有利于软化血管、保护心脏，同时还具有抗癌、通便作用。值得关注的是，大吃大喝、营养过剩以及便秘同样也会增加心脏病的发作概率，有专家认为日摄入200克主食即可满足一天的总热量需求（1 600千卡❶，即6 699千焦）。二是控制体重。每天快走30～45分钟（平均一分钟达到130步，心跳达到120次）可额外增加100～200千卡运动消耗量。三是戒烟酒。戒烟一年后其冠状动脉硬化的危险性可降至吸烟者的1/2。四是放松心情，调整好工作与休闲的平衡，保持乐观、平和的心情。

❶ 1千卡＝4.186 8千焦，下同。

第10章 水质与脑病

脑病是指因遗传、先天性脑发育不全、脑外伤、脑肿瘤、脑出血、脑梗阻、感染化学药物中毒等引起的大脑神经组织损伤。常见的脑病一般可分为三种类型：一是遗传、先天发育不良造成的小儿脑瘫、智力低下等；二是外伤造成的急性脑损伤后遗症、脑血管病造成的脑中风后遗症等；三是因中枢神经纤维损伤进而造成脑神经细胞衰老退化所导致的慢性退行性疾病，包括老年痴呆症、脑萎缩、帕金森病等。目前，我国各类脑病的年发病人数约达1 000万例，其中致死致残率逾75%，已严重危害到人类的健康。

据医学界研究，脑病的发病机理主要有以下几个方面：

(1)传染性。如4.10节介绍的柯萨奇病毒和埃可病毒通过饮水饮食等途径传播而感染后又罹患病毒性脑膜炎（也称无菌性脑膜炎或聚液性脑膜炎）、脑炎及脊髓炎。

(2)寄生虫性。如脑多头蚴病。

(3)营养性。系由营养代谢紊乱而导致的脑疾病。

(4)中毒性。如食用霉烂玉米造成镰刀菌感染而导致脑灰质软化及脑白质软化。

(5)其他原因，如脑创伤等（可引起症状性癫痫病等）。

此五种病因中以第(1)种较为多见。

基于以上分析而推理，除遗传等人为不可干预的因素外，日常生活中注重预防（即进行力所能及的人为干预）亦十分必要。根据专家建议，生活中的饮用水必须经过针对性的净化处理，比如对可能遭受柯萨奇病毒和埃可病毒污染的水体可采取消毒（如1%高锰酸钾、1%过氧化氢或其他含氯氧化剂）方法予以杀灭。

在饮食方面，膳食专家开出的良方包括：

(1)控制能量摄入。可多吃玉米、淀粉等复合糖类食品，少吃葡萄糖、果糖、蔗糖等单糖食品，以免引起高血脂。

(2)限制脂肪摄入。烹调时可选用植物油，多吃些海鱼。因为海鱼含有不饱和脂肪酸，能使胆固醇氧化，从而降低血浆胆固醇，同时延长血小板的凝聚，抑制血栓形成，防止中风发生。

(3)适量摄入蛋白质。每周吃2~3次鱼类蛋白质，可改善血管弹性和通透性，增加尿钠排出，从而降低血压。

(4)多吃些含钾、钙丰富而含钠少的食品，如土豆、茄子、海带、莴笋、牛奶、酸牛奶、虾皮等。同时要注意少食肉汤，因为肉汤中含氮浸出物较多，食用后会增加体内尿酸、进而加重心肝肾的负担。

(5)限制盐的摄入量，每日保持6克以下，即相当于普通啤酒瓶盖那么多，这样有助于降低人体血压。

(6)多吃新鲜蔬菜、水果。每天可吃新鲜蔬菜不少于400克、水果100~200克。《美国科学院学报》曾报道，芹菜中含有一种叫毛地黄黄酮的物质有助于抵抗老年痴呆等脑病。

(7)可多吃一些有助于软化血管的食物，如黑木耳、香菇、蜂蜜、大枣、核桃、番茄、白薯等。

(8)可适当增加一些海产品的摄入，如海带、紫菜、海产鱼等。

第11章 水质与癌症

“癌症”这个名词在一般意义上可以指代一切恶性肿瘤。肿瘤是机体某些组织的细胞与其他细胞生长不协调，表现为病理性异常增生的一个不正常的组织块。根据肿瘤对人体危害程度的不同，可以分为良性肿瘤和恶性肿瘤。后者由于生长迅速、易转移，可以向周围扩散，破坏周围组织，人们习惯上称其为癌症。细胞癌变是细胞畸形分化的结果。癌变的根本原因是原癌基因和抑癌基因发生了突变，而突变需要一定的诱发因素，饮用水中含有致癌物质可诱发不同类型的癌症。据世界卫生组织（WHO）报道，已查明饮用水中存在有765种有害有机污染物，其中确认致癌物有20种、可疑致癌物有23种、致突变物有56种、促癌剂有18种。

11.1 胃 癌

胃癌是人体最常见的恶性肿瘤之一，可发生于胃的任何部位，其中半数以上发生于胃窦部、胃小弯及前后壁，其次在贲门部，胃体区相对较少。胃癌早期70%以上无明显症状，因此早期发现率只有5%～10%，这是造成胃癌死亡率较高的主要原因之一。我国胃癌的平均死亡率为25.2人/10万人，占全部恶性肿瘤死亡人数的23.2%，位居各类恶性肿瘤死亡率之首。在病理病因研究方面，医学专家认为，除了遗传和免疫因素以及癌前炎症病变，饮用不洁水源的水以及食用腌制、熏烤、烫食、霉变食品等是导致胃癌发生的主要诱因。有研究证明，胃癌高发区的水和粮食中亚硝酸盐含量明显偏高。亚硝酸盐进入胃膜后可在胃酸作用下与蛋白质分解产物——可亚硝化的仲胺类化合物反应生成N－亚硝基化合物(亚硝胺,也称二级胺),据对所有被测试的动物结果都显示,亚硝胺是致癌的。

亚硝酸盐是通过氨的硝化反应而产生的,反应式为氨$\xrightarrow[O_2]{\text{亚硝化单胞菌}}$亚硝酸盐$\xrightarrow[O_2]{\text{硝化菌}}$硝酸盐(此式还存在逆化关系)。氨的主要来源是施用氮肥的土壤,有资料显示,化学氮肥施入土壤后,能够被作物吸收利用的只占其施入量的30%～40%,剩余氮肥经各种途径损失于环境中,其中主要的是渗入地下水体而污染水源;其他还有工业废水(如有机化学合成工业、洗毛工业、纺织工业、焦炭生产、煤气制造)的排放、生活污水(农村及小城镇居民生活氮素排放量按照每人每天维持正常生活所排出的氮化物推算为44.3克硝酸盐量)的排放、大气(如废弃有机物氨化和石化燃料燃烧过程中分别产生NH_3、NO_x,经转化后汇入地表水)的排放。

在土壤中施用适量钼肥,可有效降低土壤水分中的硝酸盐含量。

在日常生活中,长期存放的桶装水以及重新煮开的水、蒸锅水、千滚水(炉上沸腾了很长时间的水)中都含有亚硝酸盐(储存3天以上的水烧开后,其亚硝酸盐含量为储存1天水的3.64倍;储存7天的水则为储存1天水的9.12倍),不小心饮用后危害很大;绿色蔬菜和大白菜中含有较多的微量元素钼,可抑制人体内亚硝胺的吸收与合成,具有一定的抗癌作用。

饮用水中硝酸盐氮含量一般不得超过10毫克/升。

遭粪便污染的水源中如含有幽门螺杆菌毒素也会诱发胃癌。有关幽门螺杆菌的性质与危害可参见“水与胃病”之相关内容。

既然胃癌的环境诱因多与“吃”有关,那么预防措施亦应当从“口”把关,做到饮水清洁安全,力戒亚硝胺及其前驱物质流入体内;饮食方面主要是少肉多素,尤其注意多吃些菌菇类以及大蒜、洋葱、椰菜花等新鲜瓜果蔬菜，减少食盐摄入量，不吃烟熏火燎、腌制变质食品，同时戒烟戒酒，调整好心态，对长期罹患慢性胃肠不愈者注意定期复检，发现异常病变，及早进行诊治。

11.2 食管癌

食管癌又叫食道癌，传统医学上称“噎膈”，是发生在食管上皮组织的恶性肿瘤，我国食管癌的死亡率仅次于胃癌而居第二位，发病年龄多在40岁以上，病因与亚硝胺或真菌毒素(如镰刀菌、白地霉、黑曲霉、黄曲霉等)慢性刺激、炎症与创伤(如长期溃疡或热食灼伤)、遗传因素以及饮水、粮食和蔬菜中的微量元素含量有关。研究证明，食管癌高发区的水源、土壤及粮食中微量元素钼含量较低。钼是人体黄嘌呤氧化酶、醛氧化酶的重要成分，参与细胞内电子的传递，影响肿瘤的发生，具有防癌抗癌作用。当食物中缺乏钼含量时，就易于导致亚硝胺聚积，从而造成食管癌发病率增高。食管癌疾病具有明显的区域性，河南省林州市、济源市，山西省阳泉市、阳城县，河北省磁县、涉县、赞皇县，江苏省淮安市，陕西省佳县等，其食管癌发病率都明显高于其他地方。另外，在饮食习惯方面，食品单调、常吃粗糙及腌制食物、喜热食热饮、狼吞虎咽、嗜烟酗酒，都易损伤食管黏膜，增加患病概率。预防措施宜标本兼治，在食管癌高发区增施钼肥，以有效提高当地土壤水分及所产粮食中的钼含量和维生素C的含量。在饮食方面，可多吃些芹菜、韭菜、鲜枣、红薯等富含纤维素的食物。饮用水中加入适量漂白粉可有效降低亚硝酸盐的含量。

11.3 肝 癌

可以说，肝癌是最具我国特色的癌症，全球大部分肝癌病人都在我国。而在我国,肝癌分布也有个特点,就是沿海高于内地,江苏启东就是很典型的代表。这里是肝癌发病率最高的地区,也因此被认定为肝癌研究的“活字典”。究其原因:一是这里的乙型肝炎病人本身很多;二是启东一带气候潮湿,农民收下的粮食晒不干,容易发霉,产生黄曲霉素。黄曲霉素是一种与亚硝胺、苯并芘并称的三大致癌物之一,其毒性为氰化钾的10倍、砒霜的68倍,随食物进入人体后首先被肝脏吸收,并造成DNA受损,同时破坏抗癌基因P53,从而诱发肝脏癌变;三是地势低洼,排水不畅,饮用水源受生活污水浸污严重。研究表明,生活污水中含有亚硝胺和腐殖酸,亚硝胺的致癌作用前已所述,而腐殖酸则极易与水处理中氯消毒剂发生化学反应生成强致癌物质三氯甲烷,然后通过饮水进入人体而侵蚀中枢神经,并主要作用于肝脏以及其他内脏器官而引起中毒。启东的调查资料显示,当地肝癌发病率与饮用水中 NO_2^- 和腐殖酸的含量存在正比关系,在饮水方式上,饮用受生活污水浸污严重的宅沟水的发病率为96.51人/10万人,泯沟水的为43.81人/10万人,一般河水的为30.99人/10万人,浅井水的为8.05人/10万人,深井水的为7.25人/10万人。针对启东的情况,可以得出预防肝癌的三项措施:一是改水,不饮沟塘水,饮井水;二是防霉,不吃霉变食物;三是接种疫苗。

11.4 肠　癌

肠癌亦即大肠癌,一般包括结肠癌和直肠癌,现今被称为彻头彻尾的“富贵病”,即餐桌上的高蛋白、高脂肪、低纤维素饮食是其最直接的诱因。有研究认为,高脂肪和低纤维食物易导致大肠菌群内的厌氧菌增多,从而造成粪便在肠内停留时间延长,使粪便中胆酸、中性类固醇及胆醇降解物随之增多,其中胆盐可诱发结肠癌(胆盐为肝细胞分泌的胆汁酸与甘氨酸或牛磺酸结合而成的钠盐或钾盐,是胆汁中参与脂肪消化和吸收的主要成分)。在饮用水方面,国外有不少学者认为,长期饮用氯化自来水的人群,其结肠癌、直肠癌、膀胱癌、胃癌的发病率比对照人群明显偏高,《美国大众健康期刊》曾公布每年有 6 500 个直肠癌案例与饮水中含氯有关。

11.5 肾 癌

肾癌又称肾细胞癌、肾腺癌,起源于肾小管上皮细胞,可发生于肾实质的任何部位。有资料显示,其发病与吸烟、滥用解热镇痛药物(尤其含非那西丁药物)、激素、病毒、射线、镉、钍等有关,另外有些职业如石油、皮革、石棉等产业工人患病率较高。在饮食方面,调查发现高摄入乳制品、动物蛋白、脂肪和低摄入水果、蔬菜都是诱发肾癌的危险因素,喜饮咖啡也可能增加肾癌的危险性;在饮水方面,水处理过程中的氯化消毒副产物——溴代甲烷能引起 DNA 突变,据老鼠试验证明,溴代甲烷可引起肾癌和结肠癌。

11.6 膀胱癌

膀胱是贮存尿液的中空器官,外壁主要由肌肉构成,位于下腹部,最常见的膀胱癌细胞来自膀胱内面黏膜表皮,主要症状是无痛性血尿或间歇性血尿,并伴随恶心、食欲不振、发热、消瘦、贫血、类白血病反应等,常见并发症为膀胱癌痛、严重尿血、尿潴留等,其主要环境诱因是腺性膀胱炎感染、膀胱结石长期刺激及尿路梗阻、膀胱内寄生虫、吸烟酗酒、有憋尿习惯以及长期饮用含砷水或接触芳香族类物质(如染料、皮革、橡胶、油漆)等。预防膀胱癌的秘诀十分简单,就是常吃碱性食物以防止酸性废物的累积。在饮用水方面,美国哈佛大学公布了一项历经 10 年、涉及 47 909 名40 ~75岁男子的研究结果,发现多喝水(每天 6 ~ 10 杯)能够有效降低罹患膀胱癌的危险。本项研究从 1988 年开始,探讨了 22 种不同的液体,包括水、茶、果汁、啤酒等,结果显示只要多喝液体,不管是水还是饮料,甚至是啤酒或威士忌,都能把占全美发病率第 4 位的膀胱癌(《美国大众健康期刊》调查数据为每年至少 4 200 个)降低一半,其机理则可能是流经膀胱的液体频繁移除、减少了潜在致癌物对膀胱壁的刺激所致。当然,教授们还是建议,虽然喝足够量的各种液体都能有效地降低膀胱癌的危险,但应以喝水为好,每天 10 来杯的白开水,并没有什么副作用,但却获益匪浅,何乐而不为呢?

11.7 胰腺癌

胰腺跟饮食密切相关。正常情况下,食物进入胃腔后,胰腺会分泌出胰液、肝胆会分泌出胆汁,而一旦胰腺发生炎症,就会影响胰液的分泌、进而影响食物的消化吸收,从而导致营养物质白白地流失。人得胰腺炎的诱因一般包括:①暴饮暴食,饮食极度不规律;②吃的很好,但缺乏运动;③心情郁闷,思虑伤脾;④房事过度,暗耗肾精。胰腺炎的发展结果可导致胰腺癌。胰腺癌是癌症中的“富贵病”代表,近年发病率已上升至癌症中的第五位,而且是癌症里死亡最快的一种。预防胰腺病一定要做到“早吃好,中吃饱,晚吃少”(中国首席健康专家万承奎教授做客央视《人物周刊》时曾形象喻为“皇帝的早餐、大臣的中餐、叫花子的晚餐”,他特别强调早餐一定要具有谷类、豆浆、鸡蛋或肉、蔬菜加水果 4 样东西,少于两种则属于低质量早餐)、夜晚休息好、平时不生气、坚持锻炼身体等。

11.8 肺 癌

国内外公认吸烟是肺癌的重要诱发因素。烟草烟气中被确定的致癌物质达44种以上,包括多环芳烃、亚硝胺类、氯乙烯、砷、镍、铅以及致癌性最强的苯并芘等。调查表明,80%～90%的男性肺癌与吸烟有关。另外,室内装饰用花岗岩含有微量元素铀,会释放出氡气,可致人产生肺癌、皮肤癌、白血病;室内装饰用人造板富含甲醛,可诱发鼻咽癌、肺癌、胃癌。长期饮用或食用含有铬酸盐、砷酸盐的水及食品也会诱发此类癌症。

11.9 乳腺癌

乳腺癌是女性最常见的恶性肿瘤之一。据资料统计,其发病率占全身各种恶性肿瘤的7%～10%,世界上平均每3分钟就有一位妇女被诊断为乳腺癌,我国沿海地区平均1 000名女性当中就有一名乳腺癌患者,并且其中约有55%的患者在诊断时处于绝经前或围绝经期,近年似有低龄化的发展趋势。这种恶性肿瘤的病因至今尚没有完全明确,但不育、生育次数少、初潮年龄早、良性乳腺疾病史、口服避孕药、放射线暴露等因素已经被确认与乳腺癌有关。在环境方面,长期的饮食结构不合理及不良生活习惯也会造成体质过度酸性化,进而引起上焦代谢循环变慢,导致甲状腺疾病和内分泌失调、免疫功能下降,从而发展为乳腺组织异常增生,并终致癌变。

生活中预防乳腺癌的常识主要有:

(1)避免使用利尿剂。利尿剂的确有助于排放体内的液体,也能减轻乳房的肿胀,但过度使用会导致钾的流失,破坏电解质平衡,影响葡萄糖的形成,这些都对乳房健康极为不利。

(2)改变饮食习惯。采用低脂高纤的饮食方式,多食些谷类、蔬菜及豆类。

(3)少吃高盐食物。

(4)少吃高脂肪、高热量食物,保持正常体重。

(5)经常按摩乳房。

(6)试用热敷。

(7)慎用激素类药物。有的女人为了使乳房丰满而服用激素类药物,结果导致内分泌紊乱,这就增加了乳腺疾病发生癌变的危险。

(8)保持良好心情。

(9)对已经确诊的患者,建议实施术后5年期内分泌治疗,以有效降低或阻断雌激素对肿瘤转移的不利影响,进而达到消退肿瘤、减少复发的目的。

11.10 脑　瘤

生长于颅内的肿瘤通称为脑瘤,其病因至今不明。就环境因素而言,有学者认为,长期的饮食结构不合理及不良生活习惯会造成体质酸性化,进而导致人体机能下降,引起肾虚。而肝肾同源,肾虚亦即肝虚,长此以往会造成体内循环变慢,阻塞脑动脉,导致血气凝滞。在这种情况下,一些脑部寄生虫及病毒就会大量繁殖,造成脑部严重损伤,并使脑细胞溶氧下降,当其下降到正常值的65%时,颅内正常细胞就无法生存,细胞表型则发生改变,逐渐形成真正的肿瘤实体。

预防脑瘤的措施主要包括:

(1)不食用被污染的食物及水,日常生活中多吃绿色有机食品,严防病从口入。

(2)戒烟限酒。长期吸烟喝酒,极易导致酸性体质。

(3)少食咸、辣食物,适当多吃一些含碱量高的碱性食品及防癌食品。

(4)劳逸结合,生活规律,保持良好的心态。

(5)注重锻炼,增强体质。

11.11 皮肤癌

中医认为,皮肤为人之藩篱,易受外邪侵袭。皮肤肿瘤分为良性及恶性两大类。良性肿瘤包括皮脂腺囊肿、汗管瘤、血管瘤、淋巴瘤、皮肤纤维瘤、脂肪瘤及疤痕疙瘩等。恶性肿瘤(即皮肤癌)则是来自外胚叶的一类恶性病变,目前以磷状细胞癌和基底细胞癌较为常见,好发于身体的裸露部位,如头、面、颈及手背,也见于口腔黏膜、唇、舌、外阴等部位。

皮肤癌的病因主要包括:①长期遭受强烈日晒,皮肤干燥、萎缩及发生角质变化;②化学性刺激,如长期接触沥青、煤焦油或砷剂;③物理性刺激,如不稳定性疤痕、慢性溃疡及窦道长久不愈者;④皮肤增生病变,如皮肤过度角化、黏膜白斑、色素性干皮症、乳头状瘤等病变。

预防皮肤癌的发生,需要注意以下几点:

第一,就是在日常生活、工作中,尽量避免长期接触有害的化学物品,如沥青、焦油、砷化物、苯并芘等,这些化学物质都具有较强的致癌性。对于工作需要,必须长期接触有害化学品的工人,要严格落实良好的劳动保护措施。同时,个人也要增强环保意识,比如不要随意点燃轮胎、沥青、塑料、电线等物质。

第二,要防止长时间的皮肤暴晒。医学专家发现紫外线照射可诱发皮肤癌,长期工作在阳光下的农民、渔民、野外工作者较室内工作者罹患皮肤癌的概率要高许多。所以,在户外工作、游玩时可涂些防晒霜之类的物品。

第三，要注意电离辐射影响。这主要是针对放射工作者而言。

第四，患有光化性角化病、着色性干皮病等癌前病变者，应及早进行治疗，争取将皮肤癌变扼杀于萌芽之时。

第五，注重身体锻炼，提高身体素质，增强肌体免疫力。

以上只是简要地介绍了几种常见癌症与水质的关系。其实生活中的诱因往往是十分复杂的：如吸烟、进食污染变质食品、遭受紫外线辐射及有毒化学气体刺激；还有就是经常加班熬夜造成睡眠不足，久而久之导致人体免疫力下降；经常憋大小便也是一种陋习，因为尿液中含有致癌物质，长时间蓄积会刺激膀胱上皮发生病变，而粪便中的有害物质则更多；还有研究显示，偏爱肉食的人罹患胰腺癌的危险性随着食肉量的增加而增加，酗酒可导致早衰和癌症；至于精神方面的问题，学者较一致的观点是长期忧郁、压抑、紧张会造成内分泌代谢紊乱，进而诱发一些器官癌变。

只有对癌症有了基本认识后，才能更好地从生活中入手去防治它。水，一直是人类最忠诚的朋友，身体的组成中水占绝大部分，所以用水来预防癌症是绝对错不了的。当然，不能只单靠喝水就想解决问题，而是要将补水延伸到更宽更广的领域，让身体不再为得不到足够水分而"发愁"。那么，究竟采用何种方法才能清楚地维持人体正常的供水量标准呢？专家的意见很简单，就是保持尿液处于澄清透明、略带一点黄色的状态就可以了。除此，还要尽量做到多洗澡、多对患处进行热水按摩，这一点尤其对皮肤癌患者大有裨益；在饮食方面，我国自古就十分考究："五谷为养，五果为助，五畜为益，五菜为充，气味合而服之，以补精益气"；"谷肉果菜，食养尽之，无使过之，伤其正也"。现代营养学更是告诫，新鲜蔬菜与水果多含胡萝卜素、维生素 C 等抗氧化剂，具有一定的防癌抗癌作用，因此日常生活中应多食一些大蒜、芦笋、大白菜以及草莓、梨、苹果、葡萄、杏、柑橘、猕猴桃等碱性食品，以减轻自由基对细胞造成的损伤（尤其芦笋，又名龙须菜，1992 年美国国立癌症研究所研究发现富含抗氧化剂——谷胱甘肽，长期食用具有抗癌作用），同时补充水分及钾、钙等营养物质。另外，养成良好的生活与工作习惯也很重要，比如不吸烟、少饮酒，注重锻炼，定期体检，学会自我减压和放松，保持愉悦的心情。

第 12 章　水质与胚胎发育

在人类生命周期中，胚胎发育阶段（即器官发生及形成期）是对外来物反应异常敏感的时期。环境中各种有害因素通过饮用水等途径直接或间接地进入胚胎微环境，达到一定浓度时可引发胚胎发育毒性，致使出现胚胎发育异常并危害人类生存和繁衍。目前，在普通人群中常见的畸形类型及发生率如表 12-1 所示，我国平均每年出生 80 万～120 万名缺陷儿，其中除 20%～30% 患儿可通过早期诊断和治疗获得较好生活质量外，其余 30%～40% 患儿出生后即夭折，另有约 40% 则沦为终生残疾。残疾类型列前五位的依次是无脑和小头、脑积液、开放性脊柱裂、唇裂和唇裂合并腭裂、先天性心脏病。

表 12-1　人类常见畸形类型及发生率

项目系统	畸形类型	在人群中发生率（%）
中枢神经系统	无脑畸形	0.2
	脊柱裂	0.3
心血管系统	先天性心脏缺陷	1.2
消化系统	肥大性幽门狭窄	0.3
	巨结肠	0.02
	腹股沟疝	1.0
	脊柱后侧凸	0.2
	畸形足，并趾（指）	0.12
	先天性髋关节脱臼	0.1
	唇、腭裂（或合并）	0.15

一般致畸部位与致畸物的作用时间有重要关系。致畸物又称环境内分泌干扰物或环境激素、环境荷尔蒙、类雌性激素化合物，其定义为:环境中天然存在或后期污染的能干扰机体内激素的合成、释放、分泌、转运、结合、作用或清除等过程，从而破坏机体的正常平衡，影响动物和人体生殖、发育和行为等多方面功能的外源性物质。几种主要哺乳动物胚胎发育的关键时间如表 12-2 所示。

表 12-2　某些哺乳类动物胚胎发育的关键时间(妊娠天数)

项目	大鼠	兔	猴	人
胚泡形成	3 ~ 4	3 ~ 4	5 ~ 7	6 ~ 8
着床	6	7	9	7
器官形成	6 ~ 17	6 ~ 18	20 ~ 45	21 ~ 56
胚线	9	7	17 ~ 19	16 ~ 18
神经板	9	—	19 ~ 20	18 ~ 20
第一体节	9 ~ 10	—	20 ~ 21	20 ~ 21
第一咽弓	10	—	21 ~ 23	20
十体节	10 ~ 11	9	23 ~ 24	25 ~ 26
上肢芽	11	10 ~ 11	27 ~ 29	28
下肢芽	12	11	29 ~ 31	31 ~ 32
前爪线	14	15	35 ~ 37	37
睾丸分化	14 ~ 15	16 ~ 17	37 ~ 39	43 ~ 48
心脏分隔	16	17	36	46 ~ 47
腭骨闭合	16 ~ 17	19 ~ 20	45 ~ 47	56 ~ 58
妊娠期限	22	32	165	267

目前，已知的对动物致畸物约有 800 种、对人致畸物有 25 种，

如甲基汞、酒精、多氯联苯(PCBs)、硫酸镉、一氧化碳、农药、烟草、激素、抗菌素、镇痛药、安眠药、维生素不足或过量等。2000年12月10日,122个国家在约翰内斯堡签署公约,禁止或严格限制使用艾氏剂、异狄氏剂、毒杀酚、氯丹、狄氏剂、七氯、灭蚁灵、滴滴涕、六氯苯、多氯联苯、二噁英、呋喃等12种毒性极强的化学物品,因为这些化合物会通过食物链污染环境,引起先天性缺陷、癌症和儿童发育问题等。与此同时,世界卫生组织(WHO)还制定出三级预防措施,致力于降低残疾儿童的出生率:一级预防——进行孕前咨询和检查。由于多数出生缺陷发生在胚胎发育的第3~8周,而许多人发现孕情时(4周以上)往往已错过了预防机会,因此预防出生缺陷的关键时机在怀孕之前,孕前一定要加强优生遗传咨询,并进行致病微生物检查等源头预防措施。二级预防——进行产前检查。整个孕期有5次以上产检,通过产检可以筛查出高危孕产妇,及时诊断和治疗,减少缺陷患儿出生。如严重先天性心脏病在孕期第20周即可通过超声检查查出。三级预防——新生儿疾病筛查。主要筛查苯丙酮尿症、甲状腺功能减低症、先天性髋关节脱位、先天性心脏病及听力等,做到早知早治早主动。

第13章　水与人体免疫力

为什么在同样的环境下,有的人生病,有的人却安然无恙?其根本原因就在于,不同的人,其免疫力(即抵抗力)不同。那么,什么是免疫力呢?

免疫力就是人体自身的防御机制,是人体识别和消灭外来侵入的异物,如病毒、细菌等和处理衰老、损伤、死亡的自身细胞以及识别和处理体内突变细胞与病毒感染细胞的能力。现代免疫学认为,免疫力是人体识别和排除"异己"的生理反应。可见,免疫力不仅指人是否容易生病的概念,而且也是人体保持生态平衡的重要基石。

人体免疫力来自免疫系统,而免疫系统是由免疫器官、免疫细胞及免疫分子组成。免疫细胞、免疫分子分布全身、川流不息,形成一个相互制约的网络,以抵抗细菌、病毒的入侵,清除体内损伤及衰老的细胞,维持机体内环境的稳定。然而,一旦由于某种原因使免疫系统不能正常发挥保护作用,就极易招致细菌、病毒、真菌等感染。所以,免疫力低下是人们生病的内在的、根本的原因。

科学研究发现,影响人体免疫力的因素主要有以下6种。

(1)心理紧张。不安、焦急等心理会给植物性神经造成不良影响,而植物性神经是与内分泌系统及免疫系统有着紧密联系的,故而积劳成疾是很难治愈的。

(2)身体劳累。睡眠不足或过度劳累与心理紧张一样,也会加重植物性神经的负担,从而给内分泌系统和免疫系统带来不良影响。

(3)运动不足。运动不足会导致体力下降,体力跟不上就难以抵抗劳累,进而造成免疫力下降。

(4)过度抗菌。现代社会能够给人们提供充足的抗菌药品和食品,但也不要过度的清洁,人体的免疫系统一旦适应了过于清洁的环境,那免疫力就会自然下降。

(5)身体老化。随着年龄的增长,人生病后恢复较慢或易患感冒,这是因为人体的免疫系统老化后不能再有效发挥作用。

(6)饮食不合理和营养失调。缺乏维生素 E 会引起抗体合成降低,缺乏维生素 C 可使吞噬细胞的行动变迟和杀菌能力下降,缺乏微量元素锌会导致免疫器官的淋巴组织萎缩、皮肤超敏反应力下降及胸腺激素活性降低。

当然,在健康膳食中,最应注重的莫属水的及时补充和对体内水结构的保护。

水是化学反应的介质。由于人体内酶的作用,使水参与了很多生物化学反应,如水解、水合、氧化还原、有机化合物的合成和细胞的呼吸过程等。一切动物体内所有聚合和解聚合作用都伴有水的结合或释放,而且由于水的比热大、导热性好、蒸发热高,还能使水产生储蓄热能、传递热能和蒸散热能的作用,进而有利于调节人体的体温、有效提升机体的免疫力。英国科学家证实,每天坚持喝 2 升水的人,其免疫力可比普通人高 60%。哈佛大学的研究人员发现,每天喝 1 500 毫升(相当于 6 杯)水的人,可将患膀胱癌的概率降低 60%,他们甚至还推测喝水对肠癌和乳腺癌也有一定的预防作用。

第 14 章　水与感冒

生活中，我们都有过感冒的经历，有的人认为感冒是小病，不必求医，自己就能好；有的人认为感冒了，只要喝点具有抗病毒作用的西药或中成药就行了。其实，这都是错误的观点。有关专家介绍，用抗病毒西药治疗感冒的效果并不好，人工合成的抗生素会抑制免疫能力，只对细菌有效，对病毒反而不起作用，杀病毒只有靠人体自然的抵抗力，长此以往，不仅治不好感冒，还可能延误病情，给身体造成更大的伤害。

感冒可分为流行性感冒和普通感冒。流行性感冒是由流行病毒引起的急性呼吸道传染病，一般是通过病人咳嗽、打喷嚏时产生的飞沫而传染别人，多发于冬春季节；普通感冒，中医称其为“伤风”，是由多种病毒引起的一种呼吸道常见病，多发于初冬。感冒虽只是鼻和咽部的炎症，但如果不能得到有效的控制，炎症就会向下蔓延而发展成支气管炎、急性气管炎甚至肺炎。如果感冒久治不愈而又出现了咳嗽的话，就要考虑发生气管炎的可能性；如果咳嗽时吐出黄绿色痰，同时还伴有发烧，这时就应该立即就医。提醒一些患有哮喘病的人，一定要留神，因为感冒还可能诱发哮喘发作。

鼻窦炎也是感冒的常见并发症，有统计资料显示，成年人感冒者中约有 5% 会并发鼻窦炎，其常常表现为面部、眼部周围有明显的痛感。一旦发现自己有鼻窦炎的症状，就需要及时治疗，因为该种炎症的发展后果会演变成慢性鼻窦炎，严重的还可能会引发脑炎或脑脓肿。

如果发现自己出现了感冒的症状，同时还伴有剧烈胸痛、剧烈咳嗽、时冷时热、体温高达40 ℃等不适症状,这常常就是肺炎的表现。肺炎病情发展很快,严重时还会导致肺水肿,阻碍氧气进入血液,这时人就会缺氧,危及到生命。所以,一旦出现类似症状,就应马上去医院进行诊治,特别是老人和儿童更要警惕。

另外,由于在口腔与耳朵之间有一条咽鼓管相通,鼻腔或口腔内的病毒很容易沿着咽鼓进入耳腔而引发炎症。急性中耳炎是2~8岁幼儿的常见病,且往往是发生在感冒之后。如果幼儿感冒的时候,伴发有鼻咽部炎症,就很可能会导致化脓性中耳炎、耳鼓膜穿孔,造成听力下降,严重时感冒病毒还可能造成耳神经损害,引起耳聋。

由此可见,以感冒为诱因,很可能患上一些慢性疾病,给健康造成难以弥补的伤害。所以,感冒并不是小病。那么,我们应该如何防治它呢?

专家表示:“感冒了,要多喝水!”因为感冒是由病毒引起的,人体的抵抗力来自于营养、水分、睡眠和充分的运动,其中水分所占的地位相当重要。体内水分越多,新陈代谢的速度就越快,与病毒作战的抗体就会增加,战斗能力就自然增强,这样一来,感冒就好得越快。

再者,患有感冒发热的病人,新陈代谢加速,排出的二氧化碳增多,呼吸加快导致体内水分丢失也加快。同时,人体发热时会自动调节体温,即靠皮肤排出大量水分以降低体温,从而使体内水分过多丢失。生活中也能看到有的感冒患者发热时满头大汗、全身湿透。这时如果多喝水不仅可以补充体内水分的流失,还能促使病人身体散热、降温。多喝水才能多排尿,促进体内的病毒、毒素及代谢废物尽快排出体外,使身体内环境处于一种“干净”状态。多喝水可补充体内流失的水分,使血液循环保持稳定,使体液代谢保持平衡,有利于病人尽快康复。

所以,医生往往会叮嘱感冒患者要多喝水。可惜许多患者只是把这句“老实话”当做了耳边风，只是一味地期待医生多开些抗生素或类固醇，以及其他能够抑制感冒症状的药物，浑然不知药吃多了，身体对于药物的依赖会加重，以后再与病毒打起仗来，白细胞功能就越来越弱，从而极易受到感染。

其实，人体中的水分本身就具有调节体温的功能，生活中常见的感冒发热时出汗后即停烧的现象，就说明了人体借汗水蒸发而降温的事实。当然，如果没有补充足够的水分，也就无法保障借汗蒸发而带走大量的热量，这样反而会因为散热不良而导致体温持续走高。所以，当出现发热的时候，正确的对策是：让患者先喝下一大杯温开水，洗一个热乎乎的澡，洗完后再喝一杯水补充水分，这样即可加强新陈代谢，让水带走热量。这里需要注意的一点是，如果感冒后体温不高，则说明体内水分丢失不多，这种情况就不需要多喝水，否则如果饮入的水量远远超过体内丧失的水，也会引起体内电解质不平衡而出现新的健康问题。

最后，需要提醒一点，就是感冒发热时不要饮用茶水。经科学分析，茶叶含有茶碱、咖啡因和鞣酸，具有兴奋中枢神经、增强血液循环及促进心跳加快的作用，发热时饮用茶水会影响机体排汗、妨碍正常散热，甚至会导致体温升高、病情进一步加重。

第 15 章　水平衡失调

正常人体具有完善的水平衡调节系统，通过容量受体、渗透压受体、口渴中枢、抗利尿激素(ADH)、醛固酮、心钠素和肾脏对水的调节来维持平衡。但在某些情况下可出现平衡失调。一般水平衡的失调与否与体内的钠代谢是直接相关的。

15.1　脱　水

水摄入量不足或丢失过多均可引起脱水。脱水分为高渗性脱水(单纯性脱水)、低渗性脱水(缺钠性脱水)和等渗性脱水(混合性脱水)3 种类型。

高渗性脱水的通常症状为：轻度脱水(缺水量为体重的 2% 左右)主要感到口渴；中度脱水(缺水量为体重的 6% 左右)除口渴外尚出现"三少一高"，即唾液少、汗液少、尿量少，尿比重高，唇舌和皮肤干燥，皮肤弹性差，眼球稍凹陷，脉搏增快；重度脱水(缺水量为体重的 10% 左右)除上述症状加重外，还可出现发热、谵妄、代谢性酸中毒、血压下降，甚至昏迷。治疗高渗性脱水者的有效方法就是通过胃肠道直接饮水或体外输液来补充水分。当然补水量亦应适度，例如体重为 60 千克的中度脱水者，按缺水量为体重的 6% 来计算，其补水量则为 $60 \times 0.06 = 3.6$(千克)，即约为 3.6 升。体外输液应以 5% 葡萄糖液为主。

低渗性脱水的通常症状为：轻度缺钠性脱水(每千克体重缺失氯化钠约 0.5 克)，可感到乏力、头昏或恶心、呕吐。一般无口渴感；中度缺钠性脱水(每千克体重缺失氯化钠 0.5 ~ 0.75 克)除上述表现外，尚有皮肤弹性差、眼球稍凹陷、浅表静脉萎陷、脉压减少以及尿量减少；重度缺钠性脱水（每千克体重缺失氯化钠0.75~1.25克），病情严重，脉搏细弱，血压下降，休克，尿少或尿闭，甚至抽搐、昏迷。治疗低渗性脱水者的有效方法就是根据其缺钠程度补充生理盐水，一般可补输3%氯化钠溶液，如发现有代谢性酸中毒时可酌补5%碳酸氢钠溶液，必要时还可补充血浆。

等渗性脱水的通常症状为：口渴、乏力、头昏、黏膜干燥、皮肤弹性差、脉搏细速及脉压减少等，如果体液丢失量超过体重的6%，还会出现严重症状，甚至休克、肾功能衰竭和昏迷。治疗等渗性脱水者的主要方法一般是补充5%葡萄糖生理盐水或平衡盐液，出现休克症状的应及时纠正休克。

15.2 水中毒

水中毒是指由于某些原因引起体内水分急剧增多的症状。钠通过人体血脑屏障的速度很慢，如果体液渗透压急剧下降，水便会很快转移至脑组织，使脑部位的细胞内出现水肿，这就是脑水肿。其主要临床症状一般表现为：轻者头晕、乏力；重者出现嗜睡、躁动、谵语、共济失调、球结合膜水肿、眼球前突、抽搐及昏迷，甚至脑疝和突然死亡。水中毒还可诱发高容量性心力衰竭、肺水肿症。

引起水中毒的因素一般包括：①抗利尿激素分泌过多。这种情况常见于严重创伤、休克、手术和感染的治疗时进水过多；②肾功能不全或严重心力衰竭、尿少或尿闭；③严重低钠血症；④肾上腺皮质功能不全。治疗水中毒的措施主要包括：严格限制进水量，对严重病例立即实施静脉注射速尿、高渗葡萄糖液及地塞米松；同时加强对基础疾病的治疗，努力改善肾功能，尤其应注意不能使用有可能损害肾功能及易引起低钠的药物。

第16章　水与机体异常

16.1 肥　胖

身体肥胖是体内脂肪过度增加引起体重超标的现象。减少体内多余脂肪,降低体重即可减肥。

实践证明,适当多饮水是减轻体重的关键。这是因为,水不含能量、脂肪和胆固醇,而且钠含量也低,是一种天然的食欲抑制剂。喝水占据了胃内空间,其饱足感也会减缓饥饿,减少正常食量,有利于身体代谢脂肪。日本医学家认为,人体中充足的水分,可使代谢功能增强,易于分解多余的脂肪。水果、蔬菜富含水分和膳食纤维,且体积大而能量密度低,常食亦能增强饱腹感,《中国成人超重和肥胖症预防控制指南》建议可多食椰菜、卷心菜(甘蓝)、胡萝卜、南瓜、土豆、大蒜、洋葱、韭菜、番茄、菠菜、芹菜等蔬菜以及柑橘、苹果、西柚、芒果、葡萄、草莓、蓝莓、鳄梨等水果。

有研究指出,机体摄水多,可使脂肪沉积少,反之则会增加其沉积。肝脏的含水率为70%,其主要功能之一是分解代谢脂肪。若体内水分充足,可使肝功能增强,这样可使脂肪代谢多、贮存少,最终导致体重减少。美国医学家经实践指出,每日饮冷开水8~12杯,能使肥胖者每周减肥0.5千克。

16.2 失　眠

失眠是当今社会最为常见的一种现象。失眠不仅会导致注意力不集中、头晕脑胀、记忆力减退、思维能力下降、工作效率降低、紧张易怒、抑郁、烦闷，严重的还可导致悲观厌世，而且长期失眠还会使人体加速衰老、缩短寿命。

在生活中，很少有人将“饮水”与“睡眠”联系起来，甚至有的人还认为失眠与饮水之间没有什么关系。然而，有关研究却表明，人的大脑中含水量多达85%，在正常睡眠时能分泌出一种叫“内啡肽”的物质，这种物质能够抑制脑神经系统，使人安然入睡，但如果人身缺水，脑部就会从周身抢夺水分而无法再顾及释放“内啡肽”，从而也影响了人的正常入睡。

至于身体欠佳的人，“饮水”则更显重要。如发烧病人，常因皮肤表面的水分散发较快而造成体内缺水，在这种情况下，多喝水可以增加尿量，使小便次数增多。有些毒素随尿排出，有利于减轻毒素对身体的危害，从而达到安然入睡的目的。

需要注意的是，遇到失眠的问题时一定要慎重处之，切不可盲目服用安眠药。因为一般的安眠药副作用都比较大，长期服用会增加肝肾的负担，有的还会引起肝脏肿大、肝区疼痛、黄疸、浮肿、蛋白尿、血尿、恶心、腹胀、食欲不振、便秘等肝肾功能损伤及肠胃不良反应，以及精神不振、智力减退、血压下降等蓄积中毒症状，严重的可导致呼吸循环功能障碍等。长期滥服安眠药还会形成依赖，甚至成瘾。正确解决此类问题的有效方法是，借助白天的大量饮水及适当运动来排泄体内有毒物质。晚上睡前再辅以温水洗脚、泡澡，这样就可慢慢改善自己的睡眠习惯。

16.3 体　痛

对于某些疼痛性机体疾病，多饮水可以起到缓解和保养作用。例如补充体内水分，可以减轻背部疼痛。这是因为脊椎组织节理较多，不仅水的润滑作用可减少摩擦疼痛，而且还能靠贮存在椎间盘孔中的水分而支撑起占75%的上驱体重量。再如,多喝水也是治疗痛风病的重要保养方法。因为这种病主要是由于血液中的尿酸浓度增高、尿酸结晶(痛风石)增加并堆积于组织中(如手、脚、指的关节等)引起的炎症所致。若每天增加饮水量(2 500毫升以上),就可促进机体代谢功能,清除肾脏中积存的物质,改善血液及肾脏生物膜渗透性,降低血液中尿酸的含量,恢复肾脏自身排泄尿酸的能力,加快尿酸排除,清除关节中的痛风石沉积,消除炎症,使关节出现的红肿和热痛得到控制和解除。

此外,身体出现脱水,往往会引起精神紧张,而精神紧张又会加剧脱水状况,热应激时的偏头疼往往是脱水的标志。有专家认为,脱水是引起头疼和偏头疼的主要原因,补充机体充足的水量,常可使这种病痛大大减轻。

16.4 颈椎病

很多人退休后突然发现自己有颈椎问题,事实上现在大多数白领阶层的人士都患有不同程度的颈椎病,可以说这种病是“坐班一族”的常见病。其症状主要表现为头、颈、肩、背、手臂酸痛及颈脖僵硬,严重的还伴有恶心呕吐、甚至卧床不起,少数会出现眩晕、猝倒。现代医学研究认为,颈椎病除与过度劳累有关外,还与体内缺水有着密切的关系。因为骨骼运动需要足量的水分作润滑剂,当通过骨骼微小缝隙的血管所提供的水分不足时,就会抢夺供给关节囊的血液,从而影响连接所有关节的神经调节机制发出疼痛信号。

颈椎病的水疗方法主要有以下4种:①热敷。可以选择用50℃左右的温水将两块毛巾浸湿,叠成小方块状,拧干直接敷于颈后、背部及肩臂等疼痛不适之处。两块毛巾可交替加热使用,治疗时间为15~30分钟。这一过程完成之后,应以干毛巾迅速将水擦干，避免水分将皮肤上的热量带走。10～25天为一个疗程，可视具体情况而定。②温水泡上肢法。将上肢浸泡在盛有适量温水的脸盆内，其水温以40～45℃为宜，不能浸入的部位用毛巾包裹，并往上浇水，或用毛巾在患处反复搓擦。每天治疗1～2次，每次15～25分钟。③温水泡足法。把40～45℃的温水倒入脚盆或木桶，患者将双足放入其中浸泡。浸泡期间可用双足相互搓揉，以改善血液循环，如此每晚睡前浸泡20～30分钟，可达到刺激足部穴位，进而治疗颈椎病的目的。④全身水浴法。淋浴是最常见的治疗颈椎病的好方法，它主要是以水温促使局部皮肤潮红、舒适为度。可每日淋浴1次，也可隔日治疗。温水淋浴将水疗、按摩、热疗三种治疗方法融为一体，对各种类型的颈椎病患者均有疗效。

16.5 便 秘

便秘症是指排便次数减少、粪便质硬、排便困难，甚至有疼痛感和肛门出血症状等。

医治便秘，除调整饮食结构（多食粗纤维食品）外，多饮水是解除便秘的首要良方。这是因为，当身体得不到足够的水分时，代谢将从体内获取必要的水分，而直肠就是一个主要的内部水源。这种情况一旦发生，便秘就随之而来，出现粪便含水量少、质地变硬，加上肠体收缩运动迟缓，使粪便移动速度变慢，导致便秘。

有专家认为，便秘的主要原因是水分摄取不足所致。此时增加饮水量，不仅可避免肠道缺水，有利于增加粪便的含水率、软化粪便使其易于排出，而且吸足水分的粪便还会刺激大肠，恢复其蠕动功能，增加蠕动次数，利于排泄并减少宿便。

16.6 怀 孕

实践证明,充足饮水对孕妇是十分重要的。

晨吐是怀孕早期的普遍现象,这也是胎儿和母体因脱水而需要补充的一种信号。所以克服孕吐的最简便可行方法之一,就是迅速补水、补足量水。这是因为,怀孕妇女由于机体代谢功能增强,使体液和汗液的分泌及排泄增加,同时又需给胎儿和羊水提供水分,故较平时需水量大的多。另外,大量的水除了可以帮助代谢,还有利于降低血液中荷尔蒙和黄体激素的浓度,从而减轻身体的不适感。

对产妇而言,同样也需增加饮水量。这是因为分娩时会大量出汗,产后又需要哺乳,多饮水才能维持正常的体液平衡,补充生产时流失的水分和血液,有利于维持新陈代谢的健康进行,并可防止尿道感染,预防便秘的发生。

16.7 皮 肤

娇柔的肌肤离不开水分的补充,只有“喝”够足量的水,它才能细腻、柔滑、通透而富有弹性。但是补水也需要理智,不可盲从,要细分肌肤的类型,还要选择得当的护肤方法,因肤而异才能达到最佳补水效果:①肌肤缺水型。这种皮肤很容易出现脱屑、脱皮现象,长此下去会导致细纹和干纹产生、出现肌肤提前老化问题,对付这类皮肤一定要坚持多饮水、勤洗澡,在此基础上选用较为滋润的护肤品进行保湿保养。②阳光暴晒型。紫外线会造成肌肤黑色素沉淀,导致皱纹和色斑产生,对此要注意不分阴晴地天天防晒,并选用适当的美白护肤品进行保养。③角质肥厚型。虽然油性皮肤的人不会轻易长出皱纹,但过于油腻、角质过厚的肌肤一旦出现老化,就极易形成深层皱纹而让人看起来比实际年龄老很多,对付这种皮肤首要的是做好控油护理,如选用水杨酸等酸性成分的护肤品,以调理肌肤的水油平衡。④缺血缺氧型。这类肌肤的肤色发黑往往不是真的黝黑,而是因为血液中的含氧量不足或是贫血造成的,对付此类肌肤的偏黄、偏暗问题,可采取补充营养素(如铁质、维生素A、维生素B等)、适当做有氧运动等措施加以解决。

16.8 眼 睛

漂亮的眼睛绝对会给五官增色不少。但是,因为简单的缺水,却引发了一系列的眼部不适症状,干涩就是其中最明显也是让人最苦恼的一个症状。干涩不仅会让人失去神采,而且还严重损害了眼部健康。如现代人长时间地用眼睛盯着计算机屏幕,几乎都会产生眼肌疲劳、眼黏膜发干、眼睛发红、发炎、酸痛等症状。对此,专家认为预防眼睛干涩,补水是关键:一是选用与眼泪成分相同的眼药水定时滴入;二是用淡红茶水煮过的湿巾敷盖眼睛以帮助消除充血及疲劳;三是食饮菊花茶、枸杞子、西红柿、菠菜有助于缓解眼睛疲劳。

除了干涩,眼角出现皱纹是一直困扰很多爱美女性的一大难题,究其成因,平时的一些小动作,如大笑、搞怪动作,对化妆品残留清洁不彻底等都是眼部皱纹出现的诱因,但眼科专家认为其最根本的诱因还是在于缺少水分,因此解决眼部皱纹问题的主要措施当然还是科学地进行补水。补水方法包括:①茶饮补水。可选择用沙参、麦冬、菊花、生地、草决明等混合冲饮,每次取10克,用沸水冲泡代茶饮,能有效预防眼睛干涩、恢复眼睛润滑。②经常眨眼。天气炎热时,在空调房里对着计算机每工作1小时就要休息5~10分钟,还要经常眨眼,以减少眼球暴露于空气中的时间,避免泪液蒸发,切忌“目不转睛”。③放松颈肩肌肉。休息时,要活动颈部和肩部肌肉，因为颈部肌肉僵直紊乱也会影响到视力。④健康作息。保证睡眠充足，不熬夜，多喝水，多吃各种水果和新鲜蔬菜以及鱼和鸡蛋等。

16.9 过敏症

简单的说，过敏就是对某种物质过敏。当人吃下、摸到或吸入某种物质的时候，身体会产生一种反应，而导致这种反应的物质就是所谓的“过敏源”。在正常情况下，身体会制造抗体，以保护身体不受疾病的侵害，但酸性体质的人由于血液流动速度较慢、体内循环不畅、自体免疫功能低下，因而极易对“缺水”等不良环境产生过敏，常见症状有鼻塞、流鼻涕、红肿、打喷嚏、咳嗽、瘙痒等。对此，日常生活要注意适当多饮水，避免或减少酸性食物的摄取，注意多吃些胡萝卜、柿子、黄瓜、香菇、豆腐、香蕉、葡萄等碱性食品，改善体内的酸碱状况。另外，酸性体质不易出汗，易造成体内毒素堆积，因而也应加强运动，增加出汗，借以排出体内多余酸性物质以增强体质。

16.10 抑郁症

抑郁症是一种常见的精神疾病，主要表现为情绪低落、兴趣降低、悲观失望、思维迟缓、缺乏主动性、过度自责、饮食睡眠差、担心患有各种严重疾病、感到全身多处不适，严重的可出现轻生念头。医学研究认为，人体缺乏血清素是抑郁症患者的主要特征之一，而脑组织中的色氨酸含量直接影响血清素的稳定与否。当人体出现脱水现象时，往往会同时消耗大量的色氨酸，从而进一步影响血清素的稳定，进而诱发抑郁症。因此，医学专家建议，可以通过大量饮水（以使尿液保持为无色透明状态为止），以维持细胞内的酸碱平衡,从而节约色氨酸的过度消耗,减少和预防抑郁症的发生。当然,喝茶亦有利于养生润颜。中医认为,玫瑰花味甘微苦性温,可以起到理气解郁、活血散淤作用。

第 17 章　水质与几种饮用水

一般来讲,水质优劣的判断标准应该从水的滋味、无机盐含量、硬度、水中钠含量、酸碱度、能态、半幅宽、氘含量、深度、氧化电位等方面着手。根据专家多年研究成果,好的水质应该具有滋味好,无机盐丰富,硬度、水中钠含量、酸碱度适中,能态高,浊度低,氘含量低,氧化负电位低等优点。

水的滋味是判断水质优劣的重要感官指标。水的滋味包括 3 个方面:①气味:从理论上讲水是无色无味的液体,水的气味也应该是很淡的,但如果受到污染,其气味就会变浓,且会因不同的污染物而呈现出不同的气味。②味道:水的味道一般受水源地的地层结构、地质状态、无机盐的组成和含量影响。如水中的钠含量较高时会呈咸味,含铁量较高时会有一股铁锈味,当 pH 达到 8.5 时会呈碱味、pH 跌至 4 时则呈酸味,有的地下水中硫酸盐含量较高还会出现苦味。③口感:水的口感是味道中最主要的指标。一般情况下,水分子团的大小对口感有一定的影响,水分子团越小,口感就越好,喝起来会感觉有些甜;水分子团越大,口感则越差。

水中的无机盐是人体维持生命与保持健康必不可少的元素。例如无机盐中的钙、镁离子能够有效地抵抗其他有害元素的侵袭,它们的缺乏将不利于营养物质的吸收与新陈代谢。

水的总硬度是指水中所含钙和镁的总量。关于水的总硬度,水营养学家经过长期研究和流行病学调查认为,水的硬度应该为 50 ~ 100 毫克/升比较合适,最高不得超过 450 毫克/升,最低不得低于 30 毫克/升,世界卫生组织(WHO)认为,饮用水中的钙和镁的含量应分别为 20 ~ 30 毫克/升和 10 毫克/升以上。

人的体液中包括钠、钾、钙、镁四种重要阳离子，其中钠和钾是维持人体细胞内、外液电解质平衡的主要无机盐，因此水中不能没有钠，但也决不能过量，否则同样会危害健康。研究表明，钠元素与心血管病有关。美国心脏协会建议，每日钠的摄入量不宜超过2.4克；美国EPA软水标准则规定，水中的钠含量不得超过60毫克/升，特殊体质的人最好保持在20毫克/升以下。

健康人的体液是呈弱碱性的。如呈酸性，则表明体内供氧条件较差。研究证明，血液的pH每下降0.1（至偏酸状态），则输氧量会下降30%，在这样一个环境中，癌细胞就会迅速繁殖成为肿瘤；对于糖尿病患者，体液pH每降低0.1个单位，胰岛素活性则会下降30%；酸碱度还对人的智商有影响，有国外研究者发现，大脑皮层中的pH>7.0的孩子比pH<7.0的孩子智商高。因此，为了健康，我们应当提倡喝弱碱水，也就是pH为7.1~8.5的水。

水的能态是水的基本属性。自然界的水不是以单一水分子的形式存在的，而是由若干水分子通过氢键作用而聚合在一起，形成水分子簇，俗称"水分子团"。水分子团小的，可以称为小分子团水，而小分子团水又可以称为高能态水，即处于高能状态下的水。通常来讲，高能态水呈小分子团时，很容易被人体细胞吸收，这种水的生理功能很强，所以也被称为"活性水"。当人体每个细胞都充满高能态水的时候，就更易发挥水在细胞内物质代谢、能量代谢等活动中的作用。当然，我们每个人的体质和生理状况不同，所具有的能量状况也不会相同，所以高能态水对不同人所产生的生物、生理功效也不同。

水的浊度是度量水中不同大小、比重、形状的悬浮物、胶体物和微生物等微粒的光学效应指标，是重要的水质指标和物理外观指标之一，也是考核水处理设备净化效率和评价水处理技术水平的重要依据。现行饮用水标准规定浊度不得高于1度、色度不得高于15度。

人们都知道，1个水分子是一种由2个氢原子和1个氧原子构成的物质，但氢原子有3个相对原子质量不同的同位素。相对原子质量为1的是氢，它与氧组成的水称为轻水；相对原子质量为2的是重氢，也称氘，它与氧组成的水称为重水；人们常把氢、重氢与氧组成的水统称为半重水；相对原子质量为3的是超重氢，也称氚。目前，在自然界的水中，重氢的含量约为0.15‰。人们把那些经过非常先进的高科技制造技术而去除掉重氢（即氘）的水称为超轻水。大量实验证明，氘对生命体的生存和繁衍是有害的，我们在生活中应力避饮用氘氧重水而力求饮用氘氧轻水。

根据上述观点，2003年9月首届天津科学技术交流月活动中有关专家提出了健康水的七大标准：①不含对人体有毒、有害及有异味的物质；②水的硬度适中；③人体所需无机盐含量适中且比例适宜；④pH呈中性至弱碱性；⑤水中溶解氧及二氧化碳含量适中（前者含量为6毫克/升，后者含量为10～30毫克/升）；⑥水分子团小（半幅宽≤100赫兹）；⑦水的营养生理功能（渗透力、溶解力、代谢力、氧化还原性）较强。

在现实生活中，人们经常接触到的饮用水类型主要有以下几种。

17.1 自来水

目前，自来水是我国城镇居民生活用水的供水主渠道，其水源一般取之于江水、河水、井水，并在水厂内经过净化、消毒、灭菌处理后，由管网及加压系统配送到用户家庭供人们饮用。根据国家标准委员会、卫生部2007年7月1日颁布的《生活饮用水卫生标准》(GB 5749—2006)，饮用水水质需要达到106项指标标准的要求，而有关业内权威人士表示，我国目前90%的水厂只能对物理污染和微生物污染进行净化处理，尚不能对化学污染，诸如农药、杀虫剂、重金属以及各种有机与无机化合物等有害毒素进行深度处理。所以，专家提醒，目前的入户自来水如不经过进一步处理是不能直接饮用的。那么，自来水到底该怎样饮用才能确保人们的健康呢？专家认为，最现实也是比较科学的办法就是将其加工成温开水。因为自来水中的有毒物质含量是与水温密切相关的，随着水温的升高，卤代烃和氯仿的含量会逐渐减少，当水温达到100 ℃时，其含量会降至99～100微克；如继续沸腾3分钟，则还会继续分别降至9.2微克和8.3微克，从而达到安全的含量。所以，为了切实减少氯化物对人们的危害，一定要切记自来水烧开后不要马上饮用，而是要坚持烧沸3分钟后再冷却至25～30 ℃时饮用。研究发现，开水自然冷却后，其密度、电导率等理化性能都有所改变，生物活性比原水高出4～5倍，与人体细胞里的水十分相似，更容易通过细胞而被人体吸收，有利于促进体内物质的新陈代谢、增加血液中的血红蛋白含量，从而改善人体的免疫功能。

17.2　纯净水

纯净水简单的说就是指纯洁、干净、不含有任何杂质或细菌的水。这种水是以符合生活饮用水卫生标准的水为源水，通过电渗析法、离子交换法、反渗透法、蒸馏法及其他适当的深处理技术制成且不含任何添加剂，而密封于容器内供直接饮用的水。这种水的优点是溶解度高、与人体细胞的亲和力强、更容易为人体补充水分和促进体内物质的新陈代谢。但是，这种水的致命弱点就是在去除水中有害物质的同时也去除掉了对人体健康有益的微量元素，例如钙、钾、锌等微量元素及无机盐的缺乏会造成营养不良和免疫力下降。再有就是，这种水不仅不含有无机盐，而且其pH还呈酸性，长期饮用会导致体液酸碱失衡、呈现出酸性体质。而酸性化体质则是一些慢性病（如糖尿病、癌症等）滋生的温床，所以专家建议纯净水不易长期饮用。

17.3 矿泉水

矿泉水特指从地下深处自然涌出或是经过人工发掘的、溶解了一定的无机盐和微量元素或二氧化碳等气体、未被污染且符合国家饮用水标准的水。这种水是经过数百年、数千年乃至上万年的地下深循环而形成的液体矿产资源，按其特征组分一般分为偏硅酸、锶、锌、锂、硒、溴、碘、碳酸、盐类等9种类型（还可按阴阳离子类型划分为氯化物矿泉水、重碳酸盐矿泉水和硫酸盐矿泉水）。多数矿泉水的pH都为7~8，长期饮用有利于维持人体的酸碱平衡和促进新陈代谢，补充膳食中的钙、镁、锌、硒、碘等营养素的不足，增强机体免疫功能，延缓衰老，预防肿瘤，防治高血压、痛风及风湿性疾病。当然，不同类型的矿泉水，其疗效作用不尽相同，选用时应因人而异。一般来说，老年人机体老化，易缺钙，可选用硬度较高和延缓机体衰老的矿泉水类型，如重碳酸钙型矿泉水、重碳酸镁型矿泉水、偏硅酸及含硒、氡矿泉水等；学生、儿童正处于生长和智力发育阶段，易缺钙、锌，可选用硬度高、壮骨骼、促发育的矿泉水类型，如重碳酸钙型、重碳酸镁型、偏硅酸锶型等矿泉水；孕妇应多饮有助于胎儿发育和母体保健的矿泉水，如重碳酸钙镁型、偏硅酸型以及锌、锂型矿泉水等。需注意的是，有的矿泉水对不同人群还具有相反的作用，如含硫酸镁的矿泉水，对便秘患者有益，但对腹泻患者却有害；含硫化氢的矿泉水，对治疗气管炎、祛痰有一定帮助，但对患有光敏性皮肤病和易腹泻的人就不合适；含氯化钠和碳酸氢钠的矿泉水，由于钠具有促进体内蓄积水分的作用，所以患有高血脂、心脏病、肾病的人就不宜饮用。

17.4 离子水

离子水是由普通自来水通过活性炭的过滤、吸附、交换、净化处理后，再经过隔膜电解而分别从阴极流出碱性离子水、从阳极流出酸性离子水的电解水。其中碱性离子水的 pH 大于 7.5，它不仅在某种程度上过滤掉了水中的余氯、有机物、重金属以及细菌、病毒等有害物质，而且可保留钙、镁、钾、钠等一些有益元素，还能用强制溶解添加的方式从内藏式添加筒中释放出活性钙，以弥补水体中矿物质的不足(因为过度过滤会导致水中矿物质被阻挡)，因此适宜人的饮用；酸性离子水的 pH 小于 6.5，具有良好的杀菌能力和去污能力，多用于美容、沐浴、漱口，以及细菌容易滋生的砧板、餐具、衣物的洗涤等。

17.5 磁化水

磁化水是指经过磁场作用后，某些物理特性变化的水。即让普通水以一定流速、沿着与磁力线垂直的方向通过一定强度的磁场后，普通水就会变成磁化水。近年来，磁化水——π 性活水受到了广泛关注。一般认为，水被磁化后，水的表面张力增加，电导率升高，pH 上升，水分子的内能提高，水的性质发生了变化，即由 13 个以上水分子集合而成的大分子团变成了由 6 个水分子集合而成的小分子团水，所以活性大大提高，渗透力、溶解力均有不同程度的增强。饮用磁化水，可以抑制微生物及异常细胞的增殖，起到防治某些慢性疾病的作用。比如糖尿病人长期饮用磁化水会有利于改变其偏酸性的体质，研究发现其患者体液每由偏酸性向偏碱性方向提高 0.1 个单位，体内胰岛素的活性就会同时提高30% ~ 35%，这对稳定血糖是非常重要的；再如痛风病人坚持每天饮用磁化水,就可促进尿酸排泄,使症状逐渐减轻,这是因为磁化水对尿酸的溶解能力是普通水的1.82倍所致。磁化水还对治疗各种结石病症(如胆结石、膀胱结石、肾结石等)、胃病、前列腺炎、关节痛、头痛、感冒等均有一定作用。

17.6 桶装水

桶装水是指除上述矿泉水外,其他经过处理后灌入桶内的水。这种水是一种服务行业的伴生产物,由专人送抵指定需求的地点,这样既方便了大众,又节约了时间。由于城市的发展,密集型住宅及办公地点的出现,使桶装水有了市场。桶装水由于去除了水中大多数的有害物质,为人们提供了真正的直饮水,其容量大、饮用方便、价格又比较合理,所以受到了广大消费者的青睐。不过,桶装水不能作为人们长期和大量饮用的水,因为它存在着很多缺点:①有不法厂商在生产过程中把不符合饮用水标准的水直接灌装,部分厂家为了降低经营成本使用廉价的废旧塑料、报废光碟及洋垃圾制造水桶。②饮用桶装水离不开饮水机,而饮水机是利用空气压力的原理进行工作的。于是,在放水的过程中,就往往造成室内空气挟带细菌而进入机内储水缸,由于纯净水对细菌没有抵抗力,进入的细菌繁殖很快,一般20分钟便可繁殖一代,呈几何级数增长,几天后每毫升水中菌落总数就会达成千上万。③长期加热的桶装水会影响活性而变成老化水。久置不饮的桶装水内会含有致癌物质亚硝酸盐,专家建议一桶水最好1周内饮完、最迟也不宜超过半个月,且夏季应一个半月左右清洗机缸1次、冬季可每隔3个月清洗1次。

17.7 富氧水

富氧水是一种含氧量较高的饮用水，通常以原料水(矿泉水、纯净水等饮用水)为基质，采用人工方法在其中充入氧而制得。水对氧的溶解有一定的限度，一般饱和度为8%～25%，富氧水中多为12%～15%。有资料说，富氧水密度大、活性强、口感清纯甘爽、易被人体吸收，饮用富氧水有助消除疲劳、恢复体力、促进消化、增强新陈代谢、保持精力充沛。但也有学者认为，开发富氧水的本意是想让水中所含充足的氧分子像血液中的生态氧一样，进入细胞后加速分解各种营养物、产生物质能量，但事实上部分生态氧会转化为对人体生命产生危害的超氧自由基，可破坏细胞及其正常分裂反应，成为人衰老的催化剂。因此，人为饮进过量氧分子，究竟会引起什么样的效果，看来还需要进一步的探究。

17.8 蒸馏水

蒸馏水是用蒸馏法除去水中溶解状或悬浮状的固体和生物后的水，亦即是将原水煮沸后所获得的蒸汽冷凝水，属于纯水系列的脱盐水，原来主要用于工业生产、医疗和科学实验，现在对一些罹患环境疾病的人也不失为一种有益的饮水选择。例如高血压、肾病及心脏病患者由于必须适当控制钠盐的摄取量，肾结石、膀胱结石患者应该喝低钙盐的软水，等等，这些病人饮用蒸馏水无疑都是非常合适的。但是，蒸馏水毕竟属于纯水一族，它也就不可避免地具有和纯净水一样的不足之处，即在除去细菌及有害物质的同时，也除去了对人体健康有益的众多微量元素，从而也就失去了饮水的营养价值。因此，对健康人而言，专家建议，蒸馏水可以偶尔喝点，但绝不适合长期饮用。

17.9 深海健康水

饮用深海健康水是在纯净水中添加一定比例的深海矿物浓缩液而制成的一种天然活性直饮水。其功效主要在于海水中的矿物质元素,而且水的分子团小,易被细胞吸收,生物利用率高。因此,其水源水质要求十分严格和重要。国际标准规定深海健康水的取水方法有两种:一是直接取自 200 米以下的海水。这种深度的海水水质污染程度微乎其微,甚至没有病源微生物、水温低且水质稳定;二是在沿海岸打深井取海水。我国山东某集团即用此法取水,2003 ~2004 年经北京某科研所鉴定(主要是化学、物理学、生物学鉴定),认为被测指标符合有关标准。

17.10 冰泉健康水

顾名思义,冰泉水就是高原地带形成的古冰川融水。那里自然条件独特,没有环境污染,长年积雪在晶体挤压、消融和重力作用下,经特殊地层结构中的自然磁场作用以及良好的地理、地貌条件保护,而形成的天然洁净和生命活性很高的泉水,其形成过程如下:

(降水)积雪 $\xrightarrow{\text{晶体挤压}}$ 冰 $\xrightarrow{\text{消融}}$ 冰水 $\xrightarrow{\text{重力作用}}$ 渗入地下 $\xrightarrow{\text{赋能}}$ 天然涌出 ⟶ 冰泉水

我国某公司在新疆南部帕米尔高原开发冰泉水,帕米尔高原被称为“冰川之父”,那里的冰川水具有小分子团(半幅宽为 50 ~70 赫兹)、表面张力大、溶点和沸点低、含氘少、富含天然微量元素、微碱性(pH 为 7.8 ~8.2),因此很受市场青睐。

第 18 章　如何科学饮水

饮水不足、不能满足人体需要就会生病，饮水不当同样会影响机体代谢和健康。所以，在水质、水量和方法上一定要注意科学饮水才会收到有益的效果。

18.1 饮水的品质和温度

优质饮用水在一定意义上说也是相对而论的。从生命科学及健康角度考虑，理想优质饮用水水质的定性要求应当是：洁净卫生、康体益寿、可以生饮，亦即感观好、味纯美、无毒害、益健康、延寿命、可生饮。这样的水，对人体不仅具有正常可靠的生理功能，而且还有广泛的强体保健功能（如增强机体新陈代谢的效率，提高全身氧的运输能力，促进体内废物和毒素的排泄，改善全身营养物质的传递供应等）。另外，优质水的生饮，可使水中有益成分不会因加热等外施作用而发生物理或化学变化，影响其功效发挥，如饮生水可以保证水中钾、钙、镁等矿物质与氧巧妙结合在一起而进入人体，从而充分地发挥其应有功效。因此，有学者认为，无矿物成分的纯水是无法产生生命的（即不能够使生命充满活力），即使含有矿物质的水，在煮沸后矿物质也会有所流失，所以唯有含适量矿物质的洁净生水才是充满活力的水。由此可见，优质饮用水也是一种理想的饮用水。但是，我国目前尚没有制定出有关优质饮用水的统一标准，更没有组织成规模的批量生产，有的只不过是一些在一定程度上具备优质饮用水品质的“类似产品”。如标榜的“健康水”（回归自然水等）、保健性功能水（如离子水、磁化水等）

和“天然矿泉水”等商品瓶(桶)装饮用水,在现今条件下为一些人群提供了选择。

对照直饮水的定性要求,自来水显然是不能够直接生饮的。虽然自来水的水质有其法定标准,自然也是安全可靠的,但其水质标准并非“直饮水”标准,其各项水质指标也并非零指标,例如自来水中的细菌总数还允许每毫升不超过100CFU(菌落形成单位),且在经过地下管网输送及水箱贮存过程中还有可能遭受二次污染等。

当然,饮料更不能代替直饮水。因为,饮料中虽然也含有大部分水分,但也同时含有各种各样的化学添加剂。一般饮料中都富含糖分及电解质,喝了后不会像白开水那样很快离开胃腔,而是往往要作较长时间的停滞,从而对胃黏膜产生刺激,进而影响消化和食欲,同时过量的糖分还会增加热量而导致肥胖。

至于饮用水的适宜温度,一般认为烧开3~5分钟后再放凉至25~30 ℃饮用较为合适。这种凉开水的主要优点是:自来水中所含氯仿、卤代烃等有害物质在煮沸过程中会得到有效挥发,水的表面张力、密度、黏滞度、电导率等理化性能会得以进一步改善而更具生物活性,饮用后有利于促进体内新陈代谢、改善机体免疫功能、提高自然抗病能力。

需要注意的是,以下几种水是不能饮用的:放置时间较长的水、煮沸时间很长的开水、隔夜重煮的开水、多次反复煮沸的水、蒸煮后的蒸汤水等,因为这几种情况下的水中有益元素会大量挥发,还有可能产生亚硝酸盐等有害物质。另外,有异物、异色、异味等变异之水、不新鲜之水以及未经过法定检验之水也是不宜饮用的。

18.2 饮水的数量和疾患

明代李时珍在《本草纲目》中把水列为各篇之首,并指出“药补不如食补，食补不如水补”、“好水是百药之王”、“好水是长寿之源”。如今，喝水的重要性更是深入人心，就连广告语都变成了“好肌肤，每天要喝 8 杯水……”那么，这 8 杯水的定量是否科学呢？

成年人每天总需水量为 2 500 毫升左右，其中体内代谢可提供约 300 毫升、膳食中可吸收约 900 毫升，剩余约 1 300 毫升就只有依靠专门的体外饮水所提供了。若按 200 毫升一杯度量，亦相当于 6 ~ 8 杯水，这便是专家推荐的日最低饮水量标准。当然，这一标准不是绝对的，它应根据不同的年龄、性别、体重、活动情况、健康状况、季节及环境等情况而有所差异。有资料介绍，一般儿童 1 岁以下为 700 毫升左右，2 ~ 3 岁为 780 毫升左右，4 ~ 7 岁为 950 毫升左右，8 ~ 9 岁为 1 050 毫升左右，10 ~ 14 岁为 1 100 毫升左右。

对以下疾病患者，可适当增加饮水量，以有利于病症的减轻、康复和预防：

(1)胆结石和肾结石患者，可增加结石排出的机会，并阻止结石的形成；

(2)冠心病和高血压患者，可稀释血液、降低血液黏稠度，减少发病机会；

(3)便秘患者，可刺激肠的蠕动，并软化粪便，使其易于排出；

(4)痛风患者，可降低尿酸浓度，增加尿酸的排出；

(5)糖尿病患者，可避免脱水的发生以及体内电解质代谢紊乱导致的血液渗透压增高和高渗性昏迷；

(6)感冒发烧病人，可在降温的同时将病毒及时排出体外；

(7)膀胱炎病人，可使尿量增多，冲洗疏通，使输尿管和膀胱流畅，防止结石发生和细菌感染；

(8)腹泻病人，可防止脱水，并有利于大肠黏膜功能的恢复；

(9)尿路结石病人，可使尿量增多，减少尿液中废料的浓度，避免形成微小结石和诱发尿路感染；

(10)心绞痛病人,可减小血液黏稠度,降低血液循环阻力；

(11)泌尿系统感染病人,可使膀胱得到清洗,有效减少细菌数量,将附着在膀胱黏膜上的细菌排出体外；

(12)心脑血管患者,可使血液浓度降低,避免血液黏稠和流动缓慢所引起的血栓；

(13)白内障患者,可避免眼内液体改变所引起的晶状体蛋白变性,进而形成白内障等。

当然,白开水这种廉价的“良药”并非适用于所有病症,至少以下 6 类患者就不适用:

(1)对肾脏病人,由于肾脏机能逐渐丧失,无法排泄水分及盐分,过量饮水只会使水肿进一步加剧；

(2)对水中毒患者,过量饮水会造成水分过度蓄积,使血液中盐分浓度降低,进而导致血液吸水能力下降,使一些水分转而被组织细胞吸收,形成细胞水肿,诱发低血钠病；

(3)对心脏衰竭病人,过量饮水会增加心肺负担,甚至诱发低血钠病；

(4)对肝功能异常患者,水分易堆积在组织中而形成“腹水”；

(5)对呼吸道感染或支气管发炎的感冒患者,因其身体会释放出大量的保水性荷尔蒙,若再大量喝水则只会造成水分过剩而导致体内电解质失衡,从而诱发低血钠症；

(6)对青光眼患者,多饮水也会加重病情。

18.3 饮水的时间和方式

为保持体内有充足的水分,应养成主动饮水的习惯,即未感到口渴时即饮水。正确的饮水方法,是把一天所需补充的水量科学而有计划地分批饮服下去。有专家建议,正常成人的每天 8 杯水可按表 18-1 参考饮用。

表 18-1 正常成人每天饮水时间安排

时段	时间(时)	饮水量(杯)	作用
早晨	6~7	2	稀释血液,清洗胃肠
上午	8~10	1	补充生理性失水
午饭前	11	1	放松情绪,增强消化机能
下午	15	1	提神醒脑,补充生理性失水
晚饭前	17~18	1	增加饱足感,防止晚餐过量
晚饭后	19~20	1	强化消化,有助吸收
夜睡前	22	1	冲淡血液,加速血液循环

科学饮水还与四季有关。中医认为"人与天地相应",即人体的生理机能是与四季气候的变化相适应的。人体的五脏六腑、四肢九窍、皮肉筋骨等组织的功能活动,无不受一年四季气候变化的影响。明代医学家张景岳说"春应肝而养生,夏应脾而养化,秋应肺而养顺,冬应肾而养藏",也说明了人体五脏的生理活动必须适应四季阴阳的变化,才能与外界保持协调平衡,这也与现代科学所指出的"生命产生的条件,正是天地间的物质与能量相互作用的结果"的看法是一致的。正因如此,不同的季节,其饮水特点也应有所差异。

春回大地,万物复苏。人体随着大自然的春阳之气,新陈代谢明显加快,营养消耗相应增加,许多疾病也同时萌发,其中最容易患的要数心火旺盛,尤其一些中老年人易出现心烦失眠、口舌生疮甚至糜烂、小便黄赤、灼热疼痛等不适症状。因此,春天里,中老年人一定要注意去火,及时清除体内的热邪,使身体处于良好状态。清除内火,首先要做到每天喝足水,清晨起床后喝 500 毫升,早上至午餐前喝500毫升，下午喝300毫升，睡觉前喝300毫升，这样可促使内热从出汗、尿液等途径而排出体外。

俗话说："冷在三九，热在三伏"，夏至后的三伏天是一年中天气最热的时期，也是中暑的高发季节。在这样的炎热季节，婴幼儿、老年人、产妇、心血管系统疾病患者、中度和重度烧伤病人、糖尿病患者、营养不良者、感染性疾病患者、一些药物服用者，以及在高温或露天作业的人员，容易产生激动、紧张情绪，精神长期处于应激状态，使体内激素分泌增多，致使血压突然升高，人体难耐"热燥"而产生口干、头晕、流冷汗、甚至晕倒等中暑症状。那么，在炎炎的夏季，应该如何防暑及防止其他疾病的侵袭呢？专家指出，夏天防暑的关键是要坚持喝好8杯水。在喝法上，除了早晨和睡前各饮1杯，其他宜均分慢饮，切勿暴饮，亦不可等口渴了再饮。据一学者对460名65岁以上老人所作的调查，五年内坚持晨饮一杯温开水的人中，有80%保持面色红润、精神饱满、牙齿不落、每天能够徒步10千米，这些人也从未得过大病。

秋季空气干燥，气温逐渐转凉。自然界阳光渐收，阴气渐长，易伤人津液，容易出现皮肤干涩、鼻燥、唇干、头痛、咽痛、干咳、手足心热等秋燥症状，而肺通过鼻孔与外界相通，易被伤害，容易诱发肺炎等疾病。因此，专家提醒，秋季养生应依据"万物秋收，肺气金旺"的特点，重点进行补水养肺，具体可选用两种方法：一是直接合理饮水，即多次少量，每天清晨锻炼前和晚上睡觉前各饮300毫升、白天两餐之间各饮500毫升，如果活动量大、出汗多，还应再适当增加饮水量；二是保持肺脏与呼吸道的正常湿润度，也可以直接从呼吸道"摄入"水分，其方法就是将热水倒入杯子里，用鼻子对准杯子吸入水蒸气，每次10分钟左右，早晚各1次即可。此外，因为皮毛为肺的屏障，秋燥最易伤皮、进而伤肺，所以秋季应该多洗澡，以避免皮肤的干燥。

冬季气候寒冷，人体的一切生理活动、能量消耗、基础代谢都需要更多的热量来维持，寒为冬季之主气，由于阴邪最易伤人元气，使人出现上火、便秘、消化不良等一系列不适症状。据专家介绍，冬季养生以“早喝盐水晚喝蜜”为佳。由于盐能入肾，具有养阴、润燥的作用，所以清晨起床后，空腹喝一杯淡盐水，有利于降火利肾，保持大便畅通，改善胃肠的消化吸收功能。但是，喝盐水时要注意，由于盐中含有大量的钠离子，很容易导致血压升高，因此要做到盐水的浓度尽量低，尤其是患有急慢性肾炎、肝硬化腹水、水肿的病人，最好以白开水代替，以免加重肾脏和心脏的负担。冬饮白开水一定要新鲜，水温以 25 ~ 30 ℃为宜，未煮沸的水、沸后久置水（包括隔夜以及放置 24 小时以上的开水）和反复煮沸加热的水是不能饮用的。

第19章 几种天然水的药用常识

对天然水的药理认识，源于古代民间的探索。到了明代，大医药学家李时珍将其科学归纳，写入了《本草纲目》，现在在民间还受到极力推崇，本书亦摘引部分内容，以飨读者。

19.1 雨 水

李时珍认为，地气上升后为云，下降为雨，所以人的汗，以天地间的雨命名。雨水味咸，性平，无毒，其中立春雨水和梅雨水可入药。

立春雨水，即立春时的雨水，其性质是自然界春始生发万物之气，故可煮中气不足、清气不升之药。古代妇人无子，夫妇各饮一杯，同房之后便会孕。宜煎发散及补中益气药。

梅雨水，也叫霉雨，沾上衣物，就会生黑霉。芒种后逢壬叫入梅，小暑后逢雨叫出梅。又一说三月迎梅雨，五月送梅雨。这之间下的雨都叫做梅雨水。这种水用来煎药，服后可以涤清肠胃的积垢，使人饮食有滋有味。可用于洗疮疥，灭瘢痕，入酱易熟。

19.2 露 水

露者，阴气之液也，是夜气润泽在道旁万物上而形成的，露水味甘，性平，无毒，其主要功效表现为：

秋露浓时，以盘收取，煎如饴，令人延年不饥。露水秉承了夜晚的肃杀之气，宜用来煎润肺的药及调和治疗疥、癣、虫癞各种散剂。

百草头上秋露,天亮前收取,愈百疾,止消渴,令人身轻不饥,肌肉润泽。点太阳穴,可止头痛;点膏肓穴,可治痨病。这种方法被称做天灸。

19.3 冬　霜

阴盛则露凝为霜,霜能杀物而露能滋物,这种特性是随时令变化而改变的,天气下降而为露,清风薄之而成霜。霜所以杀万物,消除妖气的伤害。凡是收取霜,都用鸡翅或尾上的羽毛扫进瓶子中,密封后放在阴凉处,很久也不会坏。

冬霜味甘,性寒,无毒。吃了之后可解酒热,与蚌粉混合后,敷于暑天的痱疮及腋下赤肿处有疗效。取秋后霜一钱半,热酒服之,可治伤寒与疟疾。

19.4 腊　雪

花都是五瓣,雪花却是六瓣。冬至后第三戊为腊。腊雪指腊前的雪,宜于菜麦生长,又可杀虫蝗。将腊雪密封于阴处,数十年亦不坏;用雪水浸过的五谷种子,则耐旱且不生虫;洒在桌和床席间,苍蝇自已就飞走了;浸泡过的一切果食,不蛀蠹,因此也是去除瘴疠虫蝗的好办法。

腊雪味甘,性冷,无毒。能解一切毒,治天行时瘟疫,小儿热痫狂啼,大人丹石发动,酒后暴热,黄疸,都可以温热后服用。洗眼,可以祛眼病。煎茶煮粥,解热止渴。宜用来煎治伤寒、中暑的药,用来抹痱子效果也很好。小儿牙根溃烂,可用腊雪水揉抹。

19.5 冰 雹

雹是天地阴阳之气相搏而形成的。曾子云,阳之专气为雹,阴之专气为霰。陆农师说,阴包阳为雹,阳包阴为霰。雹六出而成花,雹三出而成实。阴阳之辨也。《五雷经》里讲:雹乃阴阳不顺之气结成。亦有懒龙鳞甲之内,寒冻生冰,为雷所发,飞直堕落,大者如斗升,小者如弹丸。

冰雹味咸,性冷,有毒。按《五雷经》上说:人吃雹水,可治疗疫疾、大风、癫邪等病。另外,酱的味道如果不醇正,取一二升冰雹倒入瓮中,就会恢复酱的本味。

19.6 夏 冰

李时珍说,冰者,太阴之精,水性似土,能变柔为刚,这就是所说的物极必反的道理。

夏冰味甘,性冷,无毒。主要功效为:去热烦,熨人乳发热肿,解烦渴,消暑毒。伤寒阳毒,热盛昏迷者,以冰一块置于膻中,就会醒来。亦解烧酒毒。

不过,夏暑盛热吃冰,则与气候相反,并不适合人们,人的腹部冷热相激,会导致诸多疾病发生。历史上曾有这样的例子,宋徽宗食冰太过,病脾疾,国医不效,召杨介诊之。介用大理中丸。杨介说:皇上的病只因食冰太多,臣因以冰煎此药,是治受病之原也。徽宗服后,果然痊愈。

用夏冰频频在伤口上来回搽抹可消灭瘢痕,效果很好。

19.7 节气水

李时珍说，一年二十四节气，一节为半月，水之气味，随之变迁，此乃天地之气候相感，是不受疆域限制的。从正月初一至十二日止，用一日来比一月。每日以瓦瓶秤水，视其轻重，重则雨多，轻则雨少。观此，虽一日之内，尚且不同，何况一个月呢？

立春、清明两个节气贮水，叫做“神水”。可用于浸造诸风脾胃虚损、诸丹丸散及药酒，久留不坏。

寒露、冬至、小寒、大寒四节，及腊日水。可用于浸造滋补五脏及痰水积聚虫毒诸丹丸，井煮酿药酒，与雪水同功。

立秋日五更井华水。长幼各饮一杯，能祛疟痢百病。

重午日午时水。可用于造疟痢、痈痛、疮疡、金疮和百虫毒、蛊毒各种丹丸。

小满、芒种、白露三节内水，有毒。造药、酿酒醋一类食物，都易败坏。人饮它，亦生脾胃疾病。

19.8 流　水

所谓流水，大到江河、小到溪涧，都是流水。其外动而性静，其质柔而气刚，与湖泽陡塘之止水不同。然而江河之水混浊，而溪涧之水清澈，有不同之处。

流水味甘，性平，无毒。人病后虚弱，可用它煮药安神。流水主治五劳七伤，肾虚脾弱，阳盛阴虚，目不能瞑，及霍乱吐利，伤寒后欲做奔豚。

19.9 井泉水

井之新汲,疗病利人。每天早上第一次汲的水叫“井华水”,反酌而倾倒的水叫“倒流水”,打水的吊桶滴下的水叫“无根水”。凡是井水,从地底的泉脉来的最好,从江河中浸渗来的则欠佳。另外,城市里人口稠密,沟渠的污水杂入井中会使井水变性,所以必须烧开,停顿一会儿,待杂质下沉后取上面的清水来用,否则气味不好。

新汲水主治消渴反胃,热痢热淋,小便赤涩,祛邪调中,下热气,都宜饮新汲水。洗漆疮。治坠损肠出,冷喷其身面,则肠会自己收入。又解椒毒所致的口不能开,下鱼骨鲠,解马刀毒。还可以解砒石、乌喙、烧酒、煤炭毒,治热闷昏瞀烦渴。

[附方]①鼻血不止。左鼻出血洗右脚,右鼻出血洗左脚,反复使用有效。一方:用冷水扑面;一方:冷水浸纸贴囟上,以熨斗熨之,立即止血;一方:用冷水一瓶,淋射顶上及哑门上。或以湿纸贴之。金疮血出不止,冷水浸之即止。延寿方。②犬咬出血。以水洗,至血水,缠裹即愈。③烧酒醉死,以新汲水浸其头发,用旧丝绸浸湿,贴其胸部,再以水细灌。梅师方。时行火眼患人每日于井上,视井旋匝三遍,能泄火气。集玄方。④心闷汗出不识人,新汲水和蜜饮之,甚效。千金方。

19.10 玉井水

玉井水指蕴藏美玉的山谷中流出的泉水。山有玉而草木润,身有玉而毛发黑。玉既重宝,水又灵长,故有延生之望。今人近山多寿者,其奥秘正是玉石津液的功劳。太华山有玉水流下来,当地人服用它,大多长寿。

玉井水味甘,性平,无毒。久服神仙,令人体润,毛发不白。

乳穴水指近乳穴处流出的泉水。人多取这种水来酿酒,大有益处。其水浓者,秤之重于他水,煎之上有盐花,此真乳液也。味甘,性温,无毒。久服肥健人,能食,体润不老,与钟乳同功。

19.11 醴　泉

醴泉即甘泉。醴是薄酒,泉水的味道就像它,所以得此名。出现的地方不固定,王者德至渊泉,时代升平,则醴泉出,可以养老。瑞应图云:醴泉所流到的地方,草木皆茂,饮之令人多寿。东观记云:光武中元元年,醴泉出京师,人饮之者,痼疾皆除。

醴泉味甘,性平,无毒。可治疗心腹痛及各种杂病,都适宜空腹饮醴泉。又止热消渴及反胃霍乱为上,亦以新汲者为佳。

19.12 山岩泉水

山岩泉水,即山岩土石间所出泉,流成溪涧。尔雅云:水正出说滥泉,悬出说沃泉,仄出说沉泉。其泉源远清冷,或山有玉石美草木者为良;其山有黑土毒石恶草者不可用。

山岩泉水味甘,性平,无毒。主治霍乱、呕吐、烦闷,名说洗肠,宜多服之。

19.13 温　泉

温泉也称温汤。据记载,下有硫黄,即令水热,犹有硫黄臭。硫黄主诸疮,故水亦宜然。当其热处,可燖猪羊、熟鸡子也。李时珍说,温泉好处甚多。汤泉多做硫黄气,浴之则袭人肌肤。唯新安黄山是朱砂泉,春时水即微红色,可煮茗。长安骊山是署石泉,不甚做气也。朱砂泉虽红而不热，当是雄黄尔。有砒石处亦有汤泉，浴之有毒。

温汤味辛，性热，微毒。主治诸风筋骨挛缩，及肌皮顽痹，手足不遂，无眉发，疥癣等各种疾病。有皮肤骨节者，可入浴。相传庐山有温泉，方士往往教患疥癣、风癞、杨梅疮者，饱食入浴，久浴得汗出乃止，几日后便自愈。

19.14 热汤

热汤包括百沸汤、麻沸汤及太和汤三种。李时珍说，热汤以百沸者佳。若半沸者，饮之反伤元气，做胀。或云热汤漱口损齿。病目人勿以热汤洗浴。冻僵人勿以热汤灌之，能脱指甲。铜瓶煎汤服，损人。

热汤味甘，性平，无毒。可用于助阳气，行经络，治疗霍乱转筋入腹及客忤死。相传张仲景治心下痞，按之濡，关上脉浮，大黄黄连泻心汤，用麻沸汤煎之，取其气薄而泄虚热。朱真人灵验篇云：人有患风疾数年，掘坑令坐坑内，解衣，以热汤淋之，良久以簟盖之，汗出而愈。此亦通经络之法也。时珍常推此意，治寒湿加艾煎汤，治风虚加五枝或五加煎汤淋洗，觉效更速也。

[附方]①伤寒初起。取热汤饮之，候吐则止。②初感风寒头痛憎寒。用水七碗，烧锅令赤，投水于内，取起再烧再投，如此七次，名沸汤，趁热饮一碗，以衣被覆头取汗，神效。③霍乱转筋。以器盛汤熨之，仍令蹋器，使足底热彻，冷则易。④火眼赤烂，紧闭目。以热汤沃之，汤冷即止，频沃取安，妙在闭目。或加薄荷、防风、荆芥煎汤沃之，亦妙。

19.15 生熟汤

生熟汤，即阴阳水。以新汲水与沸腾的水混合调匀，故称生熟汤。

生熟汤味甘、性平、无毒。主要功效为调中消食。凡痰疟，及宿食毒恶之物，腹胀欲做霍乱者，即以盐投中，进一二升，令吐尽痰食，便愈。凡霍乱及呕吐，不能纳食及药，危甚者，先饮数口即定。

李时珍说，上焦主纳，中焦腐化，下焦主出。三焦通利，阴阳调和，升降周流，则脏腑畅达。一失其道，二气淆乱，浊阴不降，清阳不升，故发为霍乱呕吐之病。饮此汤辄定者，分其阴阳，使得其平也。另外，凡人大醉，及食瓜果过度者，以生熟汤浸身，则汤皆为酒及瓜味。

19.16 盐胆水

盐胆水即卤水。是盐初熟时，槽中沥下的黑汁。不过，盐下沥水一般味苦不堪食，人们往往用这种水收豆腐。

盐胆水味咸、苦、有大毒。主治疥癣、瘘疾、虫咬及马牛为虫蚀，毒虫入肉生子。六畜饮一合，当时死，人亦然。凡疮有血者，不可涂之，痰厥不省，灌之取吐，效果较好。

19.17 甑气水

甑是古时候做饭用的一种瓦器，现亦指蒸饭用的木制桶状物。甑气水是指蒸糯米过程中由甑篷四边滴下的气水。可用盘承取之。其主要功效是：沐头，长毛发，令黑润；每天用梳摩头，对身体有益。

[附方]小儿诸疮遍身或面上生疮,烂成孔臼,如大人杨梅疮。用蒸糯米时甑篷四边滴下的气水,扫于疮上,不数日即见效,百药不效者,用之神妙。

19.18　碧海水

东方朔十洲记云:夜行海中,拨之有火星者,成水也,色既碧,故说碧海。李时珍认为,海乃百川之会,天地四方,皆海水相通,而地在其中,故味咸,其色黑,水行之正也。

碧海水味咸,性小温,有小毒。煮浴,可去风瘙疥癣。饮服,能吐下宿食腹胀。

参 考 文 献

[1] 陈维杰,杨二. 水致疾病风险与饮水安全技术[M]. 郑州:黄河水利出版社,2009.

[2] F · 巴特曼. 水是最好的药[M]. 刘晓梅,译. 长春:吉林文史出版社,2006.

[3] 徐顺清,王先良. 环境健康科学[M]. 北京:化学工业出版社,2005.

[4] 谭见安. 地球环境与健康[M]. 北京:化学工业出版社,2004.

[5] 蒋辉. 环境地质学[M]. 北京:化学工业出版社,2008.

[6] 张学庸,张宁仔. 新编内科诊疗手册[M]. 北京:金盾出版社,2008.

[7] 贾振邦. 环境与健康[M]. 北京:北京大学出版社,2008.

[8] 魏荣宝,梁娅,孙有光. 绿色化学与环境[M]. 北京:国防工业出版社,2007.

[9] 陈维杰. 高氟地下水的致病风险与处理技术[J]. 中国水利,2010(13):49-51.

[10] 陈维杰. 高砷地下水的致病风险与处理技术[J]. 中国水利,2010(7):53-54.

[11] 蒋建科. 富硒农业方兴未艾[N]. 人民日报,2010-08-22.

[12] 李党生. 水质监测与评价[M]. 北京:中国水利水电出版社,1999.

[13] 秦钰慧. 饮用水卫生与处理技术[M]. 北京:化学工业出版社,2002.

[14] 张漱洁,林萍. 饮用水卫生手册[M]. 北京:人民卫生出版社,2006.

[15] 白雪涛. 生活环境与健康[M]. 北京:化学工业出版社,2004.

[16] 李永存,李伟,吴建华. 饮用水健康与饮用水处理技术问答[M]. 北京:中国石化出版社,2004.

[17] 王君平."有毒"中药能治癌吗[N]. 人民日报,2010-10-14.

[18] 朱娜,马文双. 这些病重男轻女 [N]. 洛阳晚报,2010-09-16.

[19] 林兆耆,戴自英. 实用内科学[M]. 北京:人民卫生出版社,1981.

[20] 曲黎敏. 从头到脚说健康[M]. 武汉:长江文艺出版社,2008.

[21] 西泽 · 切拉拉. 中国成糖尿病患者最多国家[N]. 参考消息,

2010-08-26.
[22] 张建新,邱丽娜,潘剑. 不良生活习惯提前诱发糖尿病[N]. 河南日报农村版,2010-08-23.
[23] 钱伟. 常贪杯者易患糖尿病[N]. 大河报,2010-11-23.
[24] 佚名. 糖尿病和抑郁症有关联性[N]. 参考消息,2010-11-26.
[25] 李冰. 规范防治遏制“糖尿病”井喷[N]. 河南日报,2010-11-25.
[26] 崔宏远,梁秀梅,范海岚. 糖尿病防治应以预防为主[N]. 洛阳晚报,2010-11-18.
[27] 黄堃. 常吃绿叶蔬菜者患糖尿病风险低[N]. 洛阳日报,2010-08-23.
[28] 袁月. 餐桌上的“降压药”[N]. 洛阳日报,2010-11-17.
[29] 王养富. 绿豆能解毒[N]. 人民日报,2010-05-13.
[30] 林辉,池俊霞. 低血压危害不亚于高血压[N]. 大河报,2010-11-23.
[31] 闫良生. 小心心脏病迈向年轻化[N]. 河南日报,2010-08-24.
[32] 李永高,王小燕. 食盐摄入要因人而异[N]. 洛阳晚报,2010-04-15.
[33] 赵显楠. 吉林一村庄井水疑被污染　村民频繁得肾病[N]. 城市晚报,2008-03-28.
[34] 成海艳. 这样喝水最科学[M]. 哈尔滨:哈尔滨出版社,2010.
[35] 舒玉萍. 喝水更健康[M]. 南京:江苏文艺出版社,2009.
[36] 周泉. 慢性疾病水来养[M]. 北京:机械工业出版社,2009.
[37] Martin Fox. 健康的水[M]. 北京:中国建筑工业出版社,2001.
[38] 崔玉川. 饮水·水质·健康[M]. 北京:中国建筑工业出版社,2009.
[39] 邹先欣. 饮用水指南[M]. 北京:中国建筑工业出版社,2008.
[40] 朱月海. 饮水与健康[M]. 北京:中国建筑工业出版社,2009.
[41] 杜志建. 试题调研[M]. 乌鲁木齐:新疆青少年出版社,2010.
[42] 尚成凡,黄雄,夏振慈. 常见恶性肿瘤的诊治与康复[M]. 北京:中国科学技术出版社,1995.
[43] 佚名. 揭秘癌症地图背后的原因[N]. 大河文摘报,2010-01-28.
[44] 佚名. 酗酒可致早衰和癌症[N]. 参考消息,2010-04-23.
[45] 闫良生. 乳腺癌向低龄化发展[N]. 河南日报,2010-11-16.
[46] 辛渐. 预防癌症把握四个“关键”[N]. 大河报,2009-12-04.
[47] 崔苗苗. 蔬果防病抗病超乎想象[N]. 现代保健报,2010-11-16.

[48] 方琦．健康专家万承奎的养生心得[N]．现代保健报,2010-10-26.
[49] 邢曦．芦笋抗癌风靡全球[N]．人民健康报,2010-09-20.
[50] 葛运法,雷杜君,马俊生.营养与生命[M].郑州:河南医科大学出版社,1997.
[51] 李晓宏,马潇.出生缺陷能预防吗[N]．人民日报,2009-09-13.
[52] 徐彤．家庭医生[M]．哈尔滨:北方文艺出版社,2009.
[53] 唐颐．本草纲目百科1000问[M]．西安:陕西师范大学出版社,2009.

后　记

我出生在农村，学的是水利专业，参加工作后几乎每年都要回乡下老家几次，而几乎每次都会有老乡问到相似的话题："近年咋恁多疑难杂症？是不是喝的水有啥子问题呢？"作为一名水利人，老百姓的疑虑使我感到了压力。刚好，前些年，组织上安排我从事饮水安全工作，这使我有了更多的机会接触和学习这方面的专业知识，到 2009 年，根据多年的实践，同时参阅 200 多位知名专家学者的研究成果，我与高级工程师杨二合作编著出版了 50 余万字的《水致疾病风险与饮水安全技术》，该书主要从水质指标入手，逐一探讨了不同水质的生物理化性质、对人体健康的影响、检测方法及处理工艺技术，属于技术设计工具用书。该书出版发行后，出版社的专家告诉我，希望能以此书为基础，再写一部通俗的科普读物，以方便普通群众阅读。其实，专家的建议，也是我多年的夙愿。于是，我就以《水致疾病风险与饮水安全技术》为文本，同时又进一步参阅 50 余份研究资料，再次与杨二先生合作编著了这部《水质与疾病》。由于水科学是一门博大精深的学问，加之还涉及疾病防疫、医药卫生、营养保健、环境保护等相关领域知识，所以在编著过程中深感压力巨大和力不从心，这也必然导致书在内容上存在着许多不足、甚至不正确的地方，对此有待于广大读者予以批评指正！

陈维杰

2010 年 10 月 10 日